决定你上限的是格局，而不仅是能力

董书华◎著

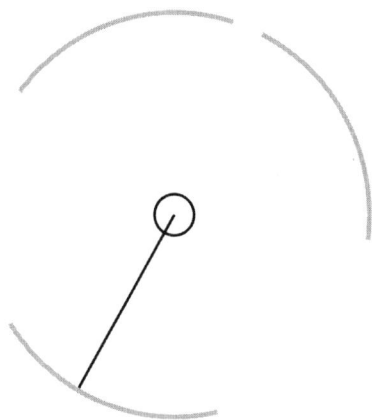

吉林出版集团股份有限公司

图书在版编目（CIP）数据

决定你上限的是格局，而不仅是能力 / 董书华著 . — 长春：吉林出版集团股份有限公司，2018.8

ISBN 978-7-5581-5606-9

Ⅰ. ①决… Ⅱ. ①董… Ⅲ. ①成功心理 - 通俗读物

Ⅳ. ① B848.4-49

中国版本图书馆 CIP 数据核字（2018）第 181274 号

决定你上限的是格局，而不仅是能力

著　　者	董书华
责任编辑	王　平　史俊南
开　　本	710mm×1000mm　　1/16
字　　数	260 千字
印　　张	18
版　　次	2018 年 11 月第 1 版
印　　次	2018 年 11 月第 1 次印刷
出　　版	吉林出版集团股份有限公司
电　　话	总编办：010-63109269
	发行部：010-67208886
印　　刷	三河市天润建兴印务有限公司

ISBN 978-7-5581-5606-9　　　　　　　　　　　定价：45.00 元

目录
CONTENTS

第三辑　CHAPTER 03

不浮躁，低调做人，成就人生之道

第四辑 CHAPTER 04

不急躁，深谋远虑，宁静方能致远

第五辑 CHAPTER 05

不懒惰，学习创新，适应新的变化

第六辑　CHAPTER 06

不偏激，从容豁达，感恩曾经拥有

第七辑 CHAPTER 07

不骄卑，坦然自若，输赢各自有时

第八辑 CHAPTER 08

不损人，宽容大度，创建和谐人生

第九辑 CHAPTER 09

不执着，谋略得当，赢得职场胜利

目录
CONTENTS

不贪恋，
舍得放下，
还原生活真谛

①

　　人们常说知足常乐，在生活中懂得知足的人往往不会贪恋身外之物，这样便能获得难得的清醒，也会变得轻松自在。面对人生中的得失要学会保持平和的心境，要学会舍弃，将名和利都置身度外，懂得舍弃的人更容易获得快乐和满足。人生有一种境界叫做舍得，舍得能让人一生幸福；放下是一种境界，能使人的心灵不会有额外的负担，这便是生活的真谛和归属。

纵观中外古今历史，多少君王能舍得高高在上的王位？为了王位，许多人失去了本该拥有的幸福与快乐，到最后妻离子散家破人亡；有些人虽然得到了王位，可是怕自己守不住，弄得自己终日疑神疑鬼。由于不舍得而惶惶度日，永不快乐。

适可而止，舍欲而得乐

舍得是一种境界，古人有云："相由心生，烦恼皆自添，若为舍不得，又怎寻快乐。"为利所扰，舍不得而忧；为情所困，舍不得而痛，人要快乐，就要舍得。

[舍得是一种智慧]

常言道："鸟为食亡，人为财死。"人为事业执着，为金钱奔劳，这固然是好事，但是如果你为了舍不得放弃的事去损害别人的利益，就会得到不好的结果，想再找回快乐，就会很难。只有懂得舍弃，才会获得快乐。

在很久以前，有一个国王，他可以说是上帝的宠儿，他有着爱他的妻子，有着最崇拜他的儿女，而且他还有着信任他、听他指挥的士兵，有着一国忠于他的人民，但是他却有着一种超越生、老、病、死的追求，为了这种追求，他决定离开这里，放弃这里的一切。

当他摘下头上的皇冠，把这顶象征着权力和财富的帽子戴到自己聪明的儿子身上时，他突然有一种满足和快乐，他为了自己的追求，离开了爱他、亲他的这个地方。当他走遍了千山万水，看尽了人世间的丑与恶后，他用自己的血肉之躯冲破黑暗与阴冷，以自己的智慧，照亮尘世中挣扎迷茫的人们。

他被人们当做了神，见到了他就见到了光明，后来他完全抛弃了自我，舍弃了一切，终于参悟了真相，懂得了什么叫做生生不息，什么叫做源源不断，一举得道成佛，他就是后来人们常说的释迦牟尼佛。

做人要不被外界事物所惑，不被物质所累，不在权利面前放弃自己想要的东西，为了自己的追求宁可舍弃一切，这便是一种大智慧。

如今，有些人为了自我的利益而处处破坏别人的利益。用阴谋、诡计害得他人凄凄惨惨，但最后也使自己得不到好下场。生活中不是所有执着的东西都是美好的，不是所有的欲望都能满足，一个人要有自己的思想与智慧，要知道人生中最重要的是什么，面对所有的诱惑与利益，要知道适可而止，舍欲而得乐。

[舍得是一种领悟]

草木有情，何况人呢？但是面对感情却不是所有的都要守住不放，那样使我们会为情所困，痛苦一生。爱无交易，无利益，应该是单纯的、简简单单的，而且要一心不二用，面对诱惑要懂得舍弃，舍而得幸福。

一个白领，他拥有着让人羡慕的工作，收入也很丰厚，老婆又十分贤惠。但是有一天他们公司搞联谊，在舞会上，他见了与他一样有着共同爱好、又十分漂亮的女子。他凡心大动，忘记了家中的老婆，忘记了工作上的事情，上班无精打采，回家有气无力，晚上不睡觉，心里一直想着那个姑娘。

妻子看到这种种情况就带他到一家心理医院治病，经过检查心理医生知道他得了心病，于是就跟他聊天沟通，通过交谈，知道他在想什么事情了。后来他找来了那位姑娘，发现她已结婚并且有一可爱女儿，顿时好感全无，又恢复了以前的自信与男人风度。

面对生活中这些常见的事情，要懂得舍弃，不要吃着碗里看着锅里的。世界之大，什么事情都有可能发生，关键是自己面对这些事情时要知道舍弃。

只有舍得才能更好地去珍惜眼前的美好，一生奔劳就是图个美满的生活，顺利的工作，不要为了单单一件事把人生中的美好全部给磨灭掉，人要学会领悟，鱼与熊掌不可兼得，舍二取一也。

现代社会很多人因为不懂舍，只想得，在事业和工作中，抱着天上掉馅饼的病态，结果却等来了无尽的痛苦与烦恼，这又何苦呢？

［舍该舍之物得意外之喜］

生活中有的人因为有太多的不舍而迷失了双眼，看不到应有的幸福与快乐。其实舍与不舍都是心中所想，舍平坦大道，闯危险山洞，走出山洞才发现豁然开朗，什么叫做别有洞天，什么叫做美好人生，在于舍与不舍。

一个女孩子喜欢上了一个男士，可是这个男士不认识她，为此女孩子对佛说，"能让我变成他身上的一样东西吗，长在最显眼的地方，那样他每天都会看着我，爱护我。"于是，佛把他变成了这个男士手心里的一颗痣。男士每天都带着她走南闯北，可是有一天男士看到这颗痣却心烦了，为此用刀子挑掉了这个东西，痣从男士身上脱落了，而男人脸上的泪水却流了下来。

女子问佛这是为什么？佛说"你在看男人眼睛的时候没有发现他每天眼眶中打转的泪水吗？那是一个很早就喜欢你的男士，他为你变成了男人的眼泪，每当看着你难过时就会溢出来，现在他为了你流了出来，生命也在阳光中蒸发了。"

女孩子对男人痴迷的同时却忘了自己身边的幸福，她不舍得丢掉那份不属于自己的期待，却再也得不到自己应得的幸福与快乐了。

是啊，当被某一种事物迷惑时却忘记了看身边的美好东西，也许人生有太多的留恋，也许人生中有太多的不舍，所以人生中才有那么多的痛苦。用智慧之心舍二取一，用人生经历领悟有舍有得，舍痛得乐。

舍，并不是要放弃所有，而是冷静地看待事物，仔细观察身边的事情，该舍就舍，不要盲目追求。舍弃让你痛苦不快乐的东西；舍弃让你不安心忧愁的东西；舍弃让你背信弃义善恶不分的东西，得其纯真，得其安心，得其快乐。

人生路漫漫，生活却短暂，幸福要靠自己去把握：只有学会舍得才能获得快乐。

智慧背囊：

人活一世本就图个快乐，可是人的贪婪与无止境的欲望使得我们对现实中的物质利益举棋不定，活得极不快乐，在人生的征程中留下了遗憾与痛苦。其实生活很简单，只要能舍二取一，不贪不争，为自己内心想要的东西所追随，舍名利得梦想，舍痛苦得快乐。

人生在世要知足常乐。要想知足就要脚踏实地，"不以物喜，不以己悲"，保持平常之心，拥有正常情感，为自己喝彩，为自己加油，知足中不断耕耘，知足中不断进取，知足中不断创新，知足中感恩生活，享受快乐。

知足感恩，快乐常伴

知足是一种精神：不知足者贪，由贪生恶，算计一生，享得一世福，却终日不欢；知足者善，无欲无求，满足于一念之间，笑口常开，才能自得其乐。

[满足人生，活出平常之心]

智者乐水，仁者乐山。每个人的喜好都有所不同，在不同的喜好中做着不同的事，所以不必为别人的成功感到眼红，不必为别人的骄傲感到自卑，懂得好好爱护自己，满足人生。

人生世上，就要懂得知足，懂得去满足自己的人生。

有一次村里参加画画比赛，要求画一条很逼真的小蛇，很多画家都争相观摩，里面有一个画家画得比较不错，他在画好自己的画时，发现别人画得也别有风味，就照着把别人的优点融进到自己的画里。

他的想法非常好，把自己画得不好的地方改掉，可是当他画好后，又想出与别人不同的地方，于是就在蛇的下部添出四只脚，画是画好了，可是一交上去惹得大家哄堂大笑。蛇有脚吗？本来他的画是最好的，可是自己不满足，非要在画上再添四只脚，使得自己的画比别人的难看，当然这次参赛他落选了。

由于自己的不知足，导致适得其反。人生也是一样，不管在什么职位上，都要懂得满足，不要看着别人的工作就觉得比自己的好，而应该静下心来试想一下，如果自己真的处于那个位置，会真的干得那么开心吗？

我们应当把自己的喜欢当成一种享受，在工作中享受着那一份独有的娴静与清雅，享受着工作之后的成就感，享受着工作过程中的那一种满足，岁月如流，所以我们就要乐天知命，而不是因为不满足弄得干什么事都没有情调、提不起劲来，那样生活着就没有意义了。

把生活看淡一些，活出一种平常之心，那么人生就会很容易满足，当你满足了你的事业，满足了你的家庭，你就没有心思去和别人较真，和别人攀比了，这时你的心被自己的这一份满足占满，满脑子都想着上班的事情，下班的甜蜜，天天乐在其中，这不是一种快乐又是什么？

[满足生活，活出大度之心]

生活中为了一点小事就大吵大闹，工作上因为一点失误就怕这怕那，何不大度一点满足生活，看到一些不顺眼的事就包容一下，看到错误就大度一点，认真改过，把自己放低一点，把别人抬高一点，也许你会拥有更多的快乐。

有一个公司经理，他对工作是兢兢业业，对家人是关怀备至，但就是有一点太过自私，看到一点不顺眼的事就会鸡蛋里挑骨头，要是有人小声抗议一下，他就会把此人严训一翻，然后再施以小惩，使得很多下属都不喜欢他，什么话都不对他说。

他回到家，虽然也帮妻子收拾点家务，但总是觉得这也不顺眼那也不顺眼，为此总是跟妻子吵架。特别是妻子外出办事回来，他总是怀着一种不放心的口气质问妻子。

一次公司推行民主选才意见，公司里很多员工都写了"太差"两个字。而他的妻子也因为受不了他这种疑神疑鬼的做法，提出与他离婚，他一下陷入了痛苦中，后来还是想不通自己做错了什么，对妻子关心，可是却换来妻子的离婚，对工作多就业，却得到下岗待业的通知。

多么幸福美满的人生被他的自私、不够大度夺去了一切。他如果能看开一些，在工作中对别人施以恩惠，晓之以理动之以情，也许他现在是所有人的模范，公司人人爱戴的经理了；他要是把对妻子的这种自私的关心发扬到体贴之中，给妻子以信任和包容，那么两个人肯定是恩爱一生的。

对什么都太在乎，所以就会自私地什么都想占有，对所拥有的东西严加看管，容不得半点瑕疵。如果大度一点，把一切看得很平淡，为着一点赞美就感恩生活，为着一点的关怀就知足常乐，那么人生就不会出现许多不如意的事了，伴随着的将是笑声与快乐。

[乐天知命，活出人生精彩]

现代社会有很多人都不满足于自己所拥有的，于是就抱怨上天对自己不公，却不知道比自己不如意的人有很多，如果自己不懂得不知足，那么未来生活你又怎么去创造呢？只有先知足，认清现实才能脚踏实地地干出成就，然后获得满足与快乐。

有一个国王，总是郁郁寡欢，于是他就派一名使者四处寻找一个快乐的人。这位国王命令道："等你找到那位快乐的人，就把他带回来。"这使者找了好几年，也没找到一个快乐的人。终于有一天，这个使者走进一个最穷的国家的贫困地区时，听到一个人放声歌唱。循着歌声，他找到一位正在田间犁地的人，他问犁地人："你快乐吗？"

"我没有一天不快乐。"犁地人答道。

于是，国王的使者就把他此次使命的意图告诉了犁地人。

犁地人不禁大笑起来，说道："我曾因没有鞋子而沮丧，直到我在街上遇见一个无腿的人。"

所谓众生平等，不管干什么、做什么，只要能知足常乐，看轻一切名和利，不去为一些小事情执着悲观，那么在生活中就会感到快乐。

快乐是一个人的最高境界。比如喜欢看武打片的人不去愧对《红楼梦》，只要好就喊出精彩，喊出心中的兴奋；又或者面对自己喜欢的人的突然消失，或者对自己说分手，那么就不要去寻死觅活，要懂得放弃，洒脱离开；朋友不幸，也无需怨天尤人，要坦然一笑；自己不美、不漂亮，也无需每天对镜照看，要活出自己的精彩，活出自己的美好。

智慧背囊：

做人就要懂得生活的真谛、人生的价值。学会知足常乐，满足自己的优点和缺点，生活中人无完人，不必为那些不必要的事而悲伤，与其痛苦地活着还不如笑着面对呢。

人生在世，处处都存在比拼。上学时成绩是你的见证；工作时成就是你的见证……这些比拼难免会产生输和赢，面对自己的输不必失落也不必痛苦，马有失蹄，人有失手，所以不必计较这些得失，输了就付之一笑，再继续努力，赢了也要平淡对待，在输赢过程中找到快乐，找到人生的意义。

坦然面对人生输赢

输赢是一种历程。没有一个人生来就是赢家，也没人生来就是输家，关键是做什么都要潇洒对待，坦然面对，通过竞争和比拼看到自己的不足与优点，要以一种快乐的心态享受自己在比拼中的那种精神和潇洒。

[事业比拼，活出精彩]

生活中处处有争斗，有争斗就一定有输赢。但是面对输赢要有淡薄之心，天外有天，人外有人，这句话是有道理的，不要以为自己在这里是"老大"，到了别的地方也是"老大"。或许你很幸运总是成功，也或许你很倒霉总是失败，但是赢时别骄傲，笑到最后才是赢家，输时不必气馁。

有一位家住在山脚的老人，四周都是高山挡住了他出去的道路，为此他决定移去前边的一座大山，可是山是如此之大，而他却已半入土的人了，怎么能搬得动呢？即便是个健壮的小伙子，也是难如登天啊！

老人并没有失去自己要移山的决心，山太大了我搬不动，我就一块块地搬，我不行了还有儿子，儿子不行了还有儿子的儿子……就这样一直搬下去，总有一天会成功的。老人就是凭着自己的不气馁，不怕失败的决心和恒心，感动了上天，请来两位山神移走了大山。

从故事中我们知道，那老头敢闯敢做、不怕失败。他在挑战过程中其实已经是赢家，在困难面前他却有着大智慧、大毅力，看到了后代子孙的伟大，他搬山虽然没有成功，可是在挑战过程中却赢得了所有人的喝彩与佩服，活出了人生的精彩。

人生中的比拼有很多，不管是两个人开玩笑的打赌还是面对面的比斗，这些都存在一种输赢，但是面对这些输赢我们不必在意，只要努力地为着自己的希望进行挑战，长笑三声，就会感到活得十分舒坦。

如果一个人太在意输赢，那么他就会患得患失，做什么事都会紧张兮兮的，最后弄得自己快成精神病人，所以我们要以平常之心对待输赢，抛开输赢之论，以前怎么过，现在就怎么过，输了又能怎样，赢了又会怎样，关键是否发挥出了自己的成绩，在这个过程中是否学到经验。

［人生比拼，活出潇洒］

人生在世就如一场棋局，而那些对手就是我们所要处理的事情，无论怎样落子都是不知道结果，有时你以为山穷水尽了，却因自己的一步又柳暗花明了，所以智者下棋不看成败，只在乎过程。

面对人生，如果我们面对无法改变的环境也不要抱怨，要心存感恩，因为自己还活着，只要活着就一定能活出自己的精彩，活出人生的潇洒。

传说在一个偏远的小镇，有一个非常灵验的水泉，可以医治各种疾病。有一天一个少了一条腿的人来到这里，一瘸一拐地寻找着水泉。过往的人都同情地望着他。一个老人悄悄地低语道："可怜的孩子，你要让水泉给你治出一条腿来吗？"这人听到了，回头对老人说："我不让水泉给我治出一条腿，而是祈求水泉告诉我，一条腿怎样过好日子。"年轻人说完就朝着那个很难找的水泉开始征程了，一条腿走累了就爬，渴了就喝山边的溪水，有时候天气太热，他就躲到大树底下歇一歇，听到山里樵夫唱着山歌归家，他也会高声对唱两句。

乐观向上的年轻人有着一颗乐于助人的心，走到哪里，他的歌声就传到哪里，每到一个地方都受到他人的欣赏，他经常被人请进茶棚，听他讲故事，唱小曲。年轻人从来没有为自己断一条腿而自卑过，他觉得人生就是这样，越是有磨难就越要有快乐、感恩之心。

当他听到别人夸他时，他的心更加舒畅了，走起路来腰板也挺得比有双腿的人还直，他心胸开阔从来不把别人的嘲笑放在心上，而是用自己的乐观感染着那些比自己更无助的人，激励他们向前看。看着很多人受到自己的感染，他的心里就有了一种成就感，一个人又开始向着那水泉奔去。

有一天他走在山腰上，碰到了一个老人，看着老人坐在大石头上，嘴干得要命，但是精神十足，他拿出自己的水给老人喝，并且问道："大爷，那个人人向往的水泉怎么走啊？"

大爷问："小伙子，看你这么乐观，你去那个地方做什么啊？"

年轻人答道："我要问一下水泉，一条腿怎样过好日子？"

大爷哈哈大笑："你现在不就是在过着好日子吗？世上没有什么水泉，只有你的乐观态度和潇洒心胸啊！"

年轻人回头想了一下，幡然悔悟，和这位老人一起大笑了起来。

我们要以自己的坚强，活出做人的道理，不论输赢，敢于面对，活出成功的美丽。

"乐极生悲，人有福祸"，所以不管自己遇到什么事情都要积极面对，不要在乎结果，不要在乎你有没有努力；而是要在乎你在拼搏的过程中有没有真实展现自我，有没有勇敢主动地迎接暴风雨。

智慧背囊：

做人要学会竞争，只有竞争方显人生，不为他人而为，为自己而争，不为结果而累，过程中方显美丽，面对生活中的苦与乐，要保持乐观的心态，结果无论成败都要潇洒对待！

总之一句话：输得要精彩，赢得要漂亮，活得要有意义！

放下一份自私，获得一份坦诚；放下一份懦弱，获得一份勇敢。人生中成功的人懂得放下，失败的人不懂得放下，太多的害怕让失败者不敢放下，只能躲在角落里自悔自恋；也有人学会了放下，以一种重获新生，开始自己的再一次尝试，一次、两次，无数次地放下成败，放下自我，用自己的经验获得了让所有人都瞩目的成功！

学会放下，重获新生

放下是一种心态。当你在人生的路口徘徊时，你知道了舍二取一，可是对着另一个出口还是念念不忘，缘于这种心态，你在这条路上会走得极为艰辛；如果你放下心来，不再去想，舍去了就要彻底放下，然后一心一意地沿着这条路勇往直前，并且大胆往前冲时，你就会懂得了什么才是自己要保护、要好好珍惜的，为这些而重新来过，努力奋斗。

[放下，开始学会专一]

很多人不得其法，总是在道路上来来回回，面对众多选择，不知道哪个好，哪个不好，如果认准一种适合自己的道路，那就果断地沿着这条路往前冲吧，向前冲时这条路上可能会布满人生坎坷，但越是这样我们就越要有决心走下去，如果学不会放下，不够专心地去看待这条路，就会让你误入歧途，成为别人的脚踏板。

一次，年轻的慧远禅师在云游时遇到了一位极爱抽烟的行人，两个人谈得十分投机，那个抽烟人送给慧远一些烟管和烟草，慧远知道这东西不好，可心里有点喜欢，最后还是舍弃了，但心里总是放不下，这使得他经常会被一些东西所迷惑，而且迷途不知归返。

慧远禅师这种行为导致他看见什么都喜爱，一喜爱也就再没有心思去考虑禅道了，后来大师见到他时说："做人啊，不能三心二意，要拿得起放得下，心若跑了，什么事都做得的。"慧远听到了大师的教诲，心里很是感激，就放下了一切与禅无关的东西，终于成了禅宗高僧。

当我们站在选择的岔路口时，如果选择了一个方向，就要全心全意地朝着选择的方向前进，如果发现自己的所作所为偏离了目标，要及时返回，如果你放不下取得了一点成绩的东西，而一心两用时，那么你将什么都得不到，最后终将一无所获。

在每一条道路上，只有学会放下，学会专一，才能有更多的精力和时间去为这件事思考、研究，才能获得更大的事业成就以及人生最高境界的理解和感悟。

［放下，开始懂得珍惜］

放下是一种大智慧，只有学会放下了，你才知道自己做的事情是如此少。

有一次，慧云早上打水的时候，忘记了去拿那个新桶，当他来到小河旁边的时候才发现自己的大桶是破的，上面有一个小洞，要是这样担一桶水时，就会漏掉一半，他不知道该怎么是好，于是坐在河边发愁。

仪山禅师看到慧云还没有回来，就顺着小路去找他，发现他坐在河边什么都没有干，又看了看河边的旧木桶，他全明白了，走到慧云旁边说："你这样坐到明天也解决不了问题啊，由于你不懂得放下，何不拿着旧木桶去担水回去呢？虽然只有半桶了，你却可以帮助那些枯萎的小花得到新生啊，你这样什么都不干，不但浪费了时间，水也没打到，如果放下，学会珍惜，那么你做的事价值也是无限大。"

慧云听后若有所悟，于是将自己的法名改为"滴水"，这就是后来非常受人尊重的"滴水和尚"。

滴水和尚后来弘法传道，有人问他："请问世间什么功德最大？"

"滴水！"滴水和尚回答。

这个人又接着问："虚空包容万物，什么可包容虚空呢？"

"滴水！"

滴水和尚从此把心和滴水融在一起。在他眼里，一滴水中也有无尽的时空。

当我们放下所有，选择一件事情或东西时，就会知道它对我们是多么珍贵，当我们对它有了一定的认识时，我们就会发自内心地感到满足，感到兴奋，不是所有的成功都来得很容易，每一件成功都是通过自己的努力一点一滴获得的。

[只有放下才能释然]

放下是一种解脱，当你为一件事痛苦时，不妨把它放下，放下了才能释然。放下痛苦就能获得快乐。

小解的母亲去世了，她心情十分不好，连课都不想上了。周围的亲朋好友劝说她也不听，有一位聪明的同学看到这些，想到了一个办法。他拿起手中的杯子，问所有的人："你们认为这杯子的水有多重？"同学们有的说20克，有的说50克，而他却说："这杯水的重量并不重要，重要的是你能拿多久？"看到大家都没有答案，他又说："拿一分钟或许大家都不会有什么问题，但是拿一个小时呢？拿一天呢？"于是他走到小解同学面前说，"小解同学，你要知道人死不能复生，如果一直这样下去，你的母亲也不会心安啊，人要学会放下，然后慢慢地习惯，既然事实不能改变了，我们何不去改变自己呢，或许这样会更好一些。"小解同学听到这些后，恍然大悟，慢慢地她的情绪好了，上课也有精神了。

是啊，一杯水的重量虽然一样，但是相对于拿起的时间，感觉就不一样了。同样的道理，人在各种精神压力下不懂得放下，也不愿意放下，一天天把精神崩得紧紧的，每天回家都喊累，生活事业必将一塌糊涂。

智慧背囊：

人生就好比古时的一种修行，如果不能放下心中的执着与欲望，那么永远也得不到自己想要的那种满足与开心，放下不等于放下心中的梦想、心中的追求和你的付出，如果我们以一种平常心对待生活中的很多事情，不论输赢，不论成败，把那些困难和不愉快当成一种磨炼，就会从中悟得人生，懂得满足。

大智若愚者舍该舍之事，贤能者取能达之事，笨拙之人舍不得取不准，取取舍舍将自己套牢，乱了方针，不知何去何从，做人就要有个好方向，有欲却不贪，知己而量，取舍有度，才可悟人生，得其生。

知己而量，取舍有度

　　取舍是一把尺子。人为名和利而奋斗不是过错，但是有奋斗的地方就一定会有争斗，在争斗的过程中却因为自己不能够该舍就舍，该放就放，使得贪婪为大，弄的最后惨不忍睹，其实还是因为自己没有把尺子放正、放平。

[君子爱财，舍之有道]

　　没有人不爱财，金钱是个好东西，有了好的物质条件，才能够去实现更伟大的梦想，但是我们却不能因为金钱而侮了自己的尊严，毁了自己的人生。为人做事要光明磊落，务实求新，不管是在怎样的诱惑之下，都要正确对待，舍之有道，取之无悔。

　　有一个农村来的大学生小刘，他诚恳善良，刚到一个单位就得到老板和上司的好评，很是看重他，并且在多次会议中受到表扬，他的这些事情却影响了和他职位一样高的但一直成绩平平的老同志大生。

　　大生虽然成绩一般，但工作中有时表现得很优秀，平时他对小刘也十分热情，这使得全公司的人认为大生不一般，面对这么一个竞争力极强的对手还能像兄弟一样亲热，小刘见到、听到这些也很是感动，他觉得大生人不错，于是在工作中很多事情都跟他一起干，慢慢地把大生带动起来了，教大生很多他以前不知道的东西。

老板看着这两个人能够团结进取，取长补短很是欣慰，感觉自己慧眼独具，挑的全是人才，可惜大生却是别有图谋，他可不想这样一颗定时炸弹在自己身边突然爆炸，就变着法给小刘设圈套。

有一次他看到自己的财务表上有一大笔外快可以捞，就偷偷转到自己的私人账户里，还给小刘说取得金钱的快捷方式与窍门，小刘听到他说这些话狠狠地批评了他一顿，大生不相信他这么一个穷酸学生会不爱钱，就想方设法地拉他下水，后来小刘也确实碰到一个很大的买卖，只要能够稍微地透露自己所在公司的秘密，他就能得到一笔可观的收入。

小刘却没有被这些表面所迷惑，他毅然地将这些事情上报给了上层领导，最后查出大生的很多私人入账情况，而且还有秘密与竞争对手洽谈沟通等证据。小刘也从副手升到了正位，并且更加地努力为公司效力。

面对金钱时所有的人都会心动，自己劳苦一生不就是为了生活，为了能够以后获得更多的物质保障吗？但是挣钱却不能太过贪，面对所有的诱惑要舍之有道，舍那些该舍之财，不要抱着任何的幻想希望天上掉下馅饼。

[君子好名，取之有度]

对金钱知道取之有道，对名利也要取之有度。不是一味地把自己炒得人尽皆知才算最好，不管什么时候都要懂得珍惜人生，无需为了名声改变自己，如果不能坚持自我，人生即便是活出来也在别人的赞美中，却活不出自己的精彩。

古时候有个很有才气的年轻诗人，刚开始他作诗全是为了自己的爱好，后来得到很多人的赞美，他也开始变得骄傲起来，每一次都会在人多的时候露一露脸，获得别人的好评才会满意。这样的日子使他养成了争强好胜，同时又使他养成了不思进取的懒散之心。

有一天，从南方过来一位才子到他邻居家串亲戚，当这位年轻诗人听说这位才子很得当地人的支持时，就到这位才子家非要与他一较高低。那位才子不愿与他比拼，可是这位骄傲的诗人就是不听，说不比就是认输，那位才子坦然一笑，说输了就输了吧，我作诗只是为了开阔自己的视野、陶冶情操而已，根本没有想过给你比个输赢。

骄傲的年轻诗人听了非常惭愧，他知道自己已经输了，于是就跟着这位才子开始勤学苦练，后来终于成为一代名作家，这也使他懂得了，有追求固然是好的，但是如果把这种追求放在别人的追捧中，就成了笑话。

为了名利而追求人生的人是没有任何价值的，为了自己想要的梦想而追求的人生才能活出精彩，不是说名声不好，也没有说人不爱名声，但是要在名声面前加一个度，要适可而止，想到自己到底是为了获取一个好的名声，还是想完成自己的心愿。

为财死的人太多，面对这种悲剧并不是说没有舍得或者放下，而是没有正确地懂得自己的人生目标，没有给自己一个好的度量，一味地盲目追求才落得了如此凄惨的下场。如果我们能够坦然面对一切，把尘事间的凡事当作一场儿时游戏，平常心对待，并且从中获得一种满足，一种幸福，这样未尝不是一件好事。

[取舍有度，简单生活]

人生短暂，岁月匆匆，不要看到什么都要追求不舍，那样不但破坏了自己的生活，也影响了别人的心情，过生活就要简简单单，取舍有度，这样才会活得满足，活得快乐。

有一对夫妇想买房子，经过打听他们来到了华中售楼处看房，见有一套三室两厅没有考虑就订了下来，但是来到这里的时候才发现，其中一间在客厅和餐厅后面，阳台旁边留了一个小小的房间，他没有后悔自己当时的决定，只是对着房子做了稍微的改变。

他舍弃了自己的一个小房间保留了两个房间，使得房间让客人休息时舒服，也让孩子有个快乐的家，他的这一舍赢得所有人的舒心，可是在装修上他又想自己的房间显得淡雅可人一点，冬天能有鲜红的颜色给房间增添一丝暖意，但是他却没有过分地铺张浪费，只是简单地挑了一些灯带和一套布艺沙发。

他的这些挑选独特而且典雅，不禁没有过度铺张，而且衬托出了一种说不出的舒服感，很闲散却又十分整洁，一家人回到家中都能洗尽一身的疲惫，快乐地过着这种热爱生活的日子。

这并不是说这对夫妇有着很好的家具设计头脑，而是他们懂得生活，懂得舍得与放下的尺度，因为他们热爱生活，所以就很珍惜生活中的点点滴滴，不是说把屋里填满才算是最美的，空出一点也能给自己一份心静，给家一个幻想。

舍掉一间房子，却能让人住得更为舒服，住得更为亲热，这不单单是一种舍得，也是一种境界，一种乐观向上、热爱生活的境界，一种无欲无求、知足常乐的境界。放下了一种姿态，放下了一种另类的生活，专一地过着简单的生活，简单却不失质朴温暖，生活的快乐本质就在于此。

智慧背囊：

舍有舍之道，取有取之度，不是说舍完取全，不是说不舍不得，只有放下心来，为着生活而舍，本着善而得，不贪别人之财，不图别人不名，脚踏实地做事，放下过重的负担，放下那些无谓的小打小闹，放下那些不值当的争执，得一份平静，得一份坦然，得一份快乐。

人们一生都在追寻幸福，但究竟何为幸福？怎样才幸福？其实很少有人真正去探究。然而解决这些问题，其实并不难，它就是"放下"，只是很少有人能做到。

于大风大浪或者风霜雪雨中，如果什么都能放到身外，任何时候做到物我两忘，当然也就了然一身轻了。

如果你能放下忧愁，放下憎恨，放下烦恼，放下那些对功名利禄的苦苦追求，你会很快感到幸福的。

放下功名利禄这个大包袱

"放下"其实也是一句禅语。禅语中说："放下你的外六尘、内六根、中六识、一直舍去，舍至无可舍去，是汝放生命处。"可是又有多少人能够明白这其中的境界呢？人们总是因为生活中的小事情而感到烦躁不安，总是为很多事情斤斤计较，这样永远不会对生活感到满足，又何来放下？

[始于"放下"，终于"快乐"]

在物欲横流的今天，很多事情打破了人们之间平衡的宁静。使人们躁动不安，努力地寻找提升自身升职的机会。不择手段地往上钻，没有台阶就踩着别人的肩膀继续向上，人们变得几乎疯狂。谎言被人所崇拜，实话被人所遗忘。生活中便充满了这些难以化解的矛盾和纷乱，而人的心灵也越发地脆弱和疲惫起来。

有一天，无德禅师正在院子里锄草，迎面走过来三位信徒向他施礼，说道：

"人们都说佛教能够解除人生的痛苦，但我们信佛多年，却并不觉得快乐，这是怎么回事呢？"

无德禅师放下锄头，安详地看着他们说："想快乐并不难，首先要弄明白人为什么活着。"

三位信徒你看看我，我看看你，都没料到无德禅师会向他们提出这个问题。

过了片刻，甲说："人总不能死吧！死亡太可怕了，所以人要活着。"乙说："我现在拼命地劳动，就是为了老的时候能够享受到粮食满仓、子孙满堂的生活。"丙说："我可没你那么高的奢望。我必须活着，否则一家老小靠谁养活呢？"

无德禅师笑着说："怪不得你们得不到快乐，你们想到的只是死亡、年老、被迫劳动，不是理想、信念和责任。没有理想、信念和责任的生活当然很痛苦、很累了。"

信徒们不以为然地说："理想、信念和责任，说着倒是很容易，但总不能当饭吃吧！"无德禅师说："那你们说拥有什么才能快乐呢？"

甲说："有了名誉，就有一切，就能快乐。"

乙说："有了爱情，才能快乐。"

丙说："有了金钱，就能快乐。"

无德禅师说："那我提个问题，为什么有的人有了名誉却很烦恼，有了爱情却很痛苦，有了金钱却很忧虑呢？"信徒们无言以对。

无德禅师接着说："理想、信念和责任并不是空洞的，而是体现在人们每时每刻的生活中。必须改变生活的观念、态度，生活本身才能有所变化。名誉要服务于大众，才有快乐；爱情要奉献于他人，才有意义；金钱要布施于穷人（需要得到帮助的人），才有价值。这种生活才是真正快乐的生活。"

自古以来，"放下"就是一个人们不断探索的哲理问题。一个永远不想放下的人，是一个沉重的人，人生也不能承受生命之重。一个永远不能放下的人，人生就难有新的收获和新的体验。

[放下就能获得快乐]

"放下就能快乐"是一颗开心果，是一粒解烦丹。只要你心无挂碍，什么都看得开、放得下，何愁没有快乐的春莺在啼鸣？何愁没有快乐的泉溪在歌唱？何愁没有快乐的鲜花在绽放？

在我们每个人的心灵深处，都会有一块属于自己的纯洁圣地，快乐就隐居于此，它操纵着我们每天的心情。时而像万里晴空中的朵朵白云悠然自得；时而又像雨后的彩虹绚丽夺目；时而感受春风送来的问候；时而享受白雪皑皑中的那份宁静。

然而，身居闹市的我们发现：我们的心情越来越难以驾驭，承载它的那块圣地正在渐渐地脱离我们的身体，离我们越来越远……取而代之的却是整天被名缰利锁缠身，陷入你争我夺的境地。我们肩负着不断追求名誉、金钱、权势等太多的累赘，不停地为自己描绘着自以为前程似锦的美好蓝图。就这样，我们在名利的诱惑下，一天天地在世俗的漩涡中挣扎，越陷越深……

有一个富翁背着许多金银财宝去寻找快乐，可是，走过千山万水也未找到，于是他沮丧地坐在山道旁。这时，一位农夫背着一大捆柴草从山上下来。富翁说："我是个令人美慕的富翁，为何没有快乐呢？"农夫放下沉甸甸的柴草，舒心地擦着汗水说："快乐也很简单，放下就是快乐呀！"富翁恍然大悟：是啊，自己背着沉重的珠宝，既怕人偷又怕人抢，还怕被人谋财害命，整天提心吊胆，快乐从何而来？于是，富翁放下财宝，用它接济当地的穷人。从此，富翁不再担惊受怕、忧心忡忡，反而因为帮助了穷人，得到了穷人的感激和爱戴而快乐起来。

放下压力，活得轻松；放下烦恼，活得幸福；放下自卑，活得自信；放下懒惰，活得充实；放下消极，活得成功；放下抱怨，活得舒坦；放下犹豫，活得潇洒；放下狭隘，活得自在……

其实，人生想要生活得幸福，不一定有辉煌，不一定有地位，只要有"放下"的智慧，让心灵释荷，就会感到幸福。放下曾经的辉煌，放下昔日的苦难，放下对旧日恋情的回忆，卸下身上所有束缚我们前行的包袱，人生最大的幸福就是放下。

"放下就是快乐"，这是一剂灵丹妙药。放下即快乐，对每个人都适用。生活富裕了，但压力越来越大；收入增加了，但快乐却越来越少。其实，累与不累只是一种感觉。压力的大小，主要取决于自己的心态。快乐与不快乐，就看你是否学会了放下。放下是一种生活的智慧；放下是一门心灵的学问。学会放下，让心灵释然。

有一个人觉得每天都不堪生活重负，没有丝毫的快乐可言。于是，他去请教一位德高望重的哲人。哲人把一只竹篓放在他的肩上说："你背着它上路吧，每走一步都要从路边捡一块石头放在里边，看看是什么感受。"那个人虽然大惑不解，可还是按哲人说的去办了。可刚走了几百步，他就感到背负太重受不了了，因为竹篓里已经装满了沉重的石头。"知道你每天为什么不快乐吗？是因为你背负的东西太沉重了，它已经把你的快乐压抑殆尽了。"哲人从竹篓里一块一块地取着石头说，这块是功名，这块是利禄，这块是小肚鸡肠，这块是斤斤计较……当大半篓石头被扔掉后，那个人背起竹篓走起路来感到从未有过的轻松。

生活原本是有许多快乐的，只是因自己常常自生烦恼而空添了许多愁苦。自己努力地追逐着快乐，却又总放不下心中的累赘，把不该看重的事情看得太重，总想放下一些东西却总也放不下。每日尘世穿梭忙碌，每天忙着经营自己的世界，对工作、生活、朋友、亲人等的期望值不断升高，可是到头来却什么也没有改变，什么也没有得到，想想自己是多么的幼稚与浅薄。其实快乐是简单的，放下就是快乐，所以要看得开、放得下。

生活就像一只竹篓，自己之所以感到背负很沉重，感到生活不快乐，其实是作茧自缚，自己给自己增加了功名利禄的重负。如果舍得将这些东西抛弃、放下，快乐就会萦绕在生活中了。

智慧背囊：

放下是一种感悟，更是一种心灵的自由。"放下就是快乐"，是顿悟之后的豁然开朗，重负顿释的轻松，云开雾散后的阳光灿烂。只要你心无牵挂，很多事情都看得开、放得下；只要你懂得珍惜现在，多些成熟，少些烦恼，多点深思熟虑，少点后悔遗憾；只要你在人生的追求中能多一份淡泊，少一份名利，多一份真情，少一份世俗；只要你抛弃一些尘世的烦忧，留一份宽阔的空间给心灵安个家，放下你该放手的东西，你便会拥有快乐的人生！

世界在变，社会也在进步，为了生存，所有的生命体都在努力奋斗着，鸟为生存，不得不秋南北往地飞行。可是在我们为着生存努力奋斗时，出现了贪婪和欲望，因为这些东西能使你更快地达到目的，而有些人为着达到目的，不择手段，结果违反了社会规则，被大自然放弃，还带着悲伤与悔恨离开这个有生之地。

贪而不知足者白迷而不得脱

舍得放下是一种生活。做人要知足，不能太贪，贪而不知足者必定走入深渊，自迷而不得脱，以至于最后落得痛苦一生，做人要拿得起放得下，不能抱着不放，如若执迷而不悔悟，到最后终究没个好下场。

［贪心不足者自毁］

水往低处流，人往高处走，有追求才有人生，可是漫漫追求路上却有着太多的艰辛与苦难，而有些人在这些困难与挫折面前失掉了勇气，为了达到目的，他们变得贪婪与不满，用阴谋去算计别人，他们舍不得那些名利的诱惑，放不下那些财富的追求，以至于害了别人也害了自己。

甲乙两个年轻人听说东海深处的一个小岛上有一种树，这种树不高大，但树上能结出自己想要的东西，为着这个愿望，他们两个人开始坐船向那个神往的地方出发，遇到大风大浪就相互团结，乘风破浪，在大海中来回穿梭，没有食物了就去吃生鱼，没有水了就喝咸海水，凭着这种毅力终于找到了人们传说的那座小岛。

两个人来到岛上开始去寻找那棵神奇的小树。甲年轻人突然发现，所有的树都十分高大，而只有自己面前的这棵树很小，自己双手都可摘得树叶。看着如此特殊的小树，他就思考是不是这棵小树呢，于是就默默地许了自己的心愿。没想到一会儿树上真结出了一碗米饭和几盘素菜，他十分高兴，坐在那儿吃了起来，饭饱之后，他就许愿要了能够治好妻子病的金钱，把这些钱装到了口袋里准备离去，这时，他想起了自己还有一个同伴乙，就去寻找他。

当他带着自己的同伴乙来到这棵小树下面时，乙的两眼直放光芒，只见他不停地许愿，大把大把的金钱从树上落下来，他还是觉得不够，又怕甲跟自己抢，就打发他先走了，甲走之后很是担心他，半路又折了回来，结果发现乙由于没吃饭，饿死在了钱堆里了。

甲年轻人很聪明，懂得取舍有度，他没有像自己的伙伴乙那样拼了命往怀里装钱，他只想要自己能为妻子看病的钱，多了他也不再稀罕，面对山一般的金钱不为所动。而乙却有着贪心不足蛇吞象的心理，他看着那么多的金钱，一样都不愿意舍去，甚至于忘记了吃饭，终于死在了金山银堆里。

面对金钱要懂得适可而止，人生在世不过数十载，这些东西是生不带来，死不带去的，我们需要它是因为一种本能，但是却不能过度，如果我们被财富名利诱惑，还不悔悟，那么必定会得不偿失，悲其一生。

[欲望不满者自灭]

人有欲望是好事，为着欲望坚持不懈地去追求更好，如果为着这些目标发誓不达目的不罢休，得到了还想要更多的，这样就会让你变得不近人情，不懂生活，一心只想着那些永远都满足不了的欲望。一次次的沉溺其中，为了这些抛弃一切，忘掉亲情、友情、爱情；忘掉那些本该有的快乐与纯朴，一生匆匆而过，回首之时只得满含悔恨，郁郁而终。

从前有一个人，他有着一个远大的梦想，那就是能够成为一名让所有人都尊重敬爱的不败将军，为了这个梦想，他四处学艺，有时候名师不收他，他就长跪不起，不管是刮风还是下雨，他的诚心赢得了当时很有名气的一个武术大师的青睐，然后就收他为关门弟子，亲自传授武艺。

他天生聪明，领悟能力也十分好，不到一年，他就学到真才，后来又去学骑马和射箭，功成之时正逢战乱年代，他骑着战马，拿着长矛，冲锋陷阵，为自己的军队赢得了一次又一次胜利。但是，他没有想到的是，把自己的一切都交给了战场，却没有得到指挥人的青睐，只是夸赞一番再无后文。

慢慢地他变得开始消极、懒散、不思进取，由最出色的士兵变成了平庸的战士，后来一次战争中，由于轻敌不小心被箭所射，死于战场，到死他也没明白为什么自己到头来什么也没有得到，碌碌无为一生。

为着一个自己的梦想奋斗，固然是好事，但在自己奋斗的过程中享受快乐才为最大，不能有付出就要想着回报，因为付出百分之百时，回报才不过百分之二十，所以无论什么时候，都不能抱怨，以平常心对待，放下那种不切实际的欲望，放下那些对自己来说没有任何意义的名利，努力地去为自己的人生奋斗，才能活出价值，活出意义。

智慧背囊：

生死根本，欲为第一。没有欲望的人就不是正常人，有欲望了自然就想贪图点，所谓因思而所想，因想而所得，说的就是这个道理。但是在欲望面前，过分地贪婪，过分地要求，就会变成一种耻辱，一种让人讨厌的东西，更为可怕的是，它能打消你的自信心，毁灭你的追求心，摧毁你的精神动力，到最后变得没有人生价值。

不强求，
取舍有之，
收获心灵归属

———————●———————

②

当你紧紧握住自己的双手时往往什么都没有，而当你轻松打开你的双手时，世界就在你的手中。人这一辈子就是这样，有很多东西往往都不属于你，有时如果你懂得取舍，放下一些不该强求的东西，便会收获很多。很多时候，我们所紧握的其实是一个没有输赢的结局，甚至是对他人的伤害，过于执着往往会背负太多的累赘。而放开心胸，睿智地面对生活中的取舍却可以收获心灵的归属。

"舍得"两个字表面看起来并不起眼，但却在不经意间透露出选择的大智慧。舍得，舍得，有舍才有得。舍和得，就如因和果，是相关又互动的。放弃一些，才能收获到一些。至于应该放弃什么，争取什么，就要看你想得到什么，这就是所谓鱼与熊掌不可兼得。

能"舍"方能"得"

看清楚这两个字的次序——舍得，"舍"在前，"得"在后，也就是说，"舍"与"得"虽是反意，却是一物的两面。舍得是对等的，你先"舍"，然后才能"得"。这就是"舍得"的真意，能"舍"方能"得"。不过，这里说的"得"更多的是指精神的饱满、境界的升华。生活中，舍得之中暗藏玄妙，意境很深，只能靠自己去琢磨，去感悟。

[舍得的因果关系]

世间的舍得，从来就是因果关系，"得"建立在"舍"的基础之上，不过，"得"的获取却与多种因素有关，有时候，你"舍"了并不一定有"得"，但不"舍"则肯定不会有"得"。

从前，有个农户家里有很多老鼠，于是，农妇就找了一只猫回来捕鼠，这只猫非常会捕鼠，但是也咬鸡。没过多久，农妇家的老鼠是没有了，但鸡也差点儿被咬死光了。于是，女儿对母亲说："我们为什么还要留着一只专爱咬鸡的猫在家呢？"母亲告诉女儿说："老鼠偷吃我们的粮食，还咬坏我们的衣服，如此横行下去，我们就会挨饿受冻；没有了鸡，我们只是暂时吃不上鸡罢了，但是比较一下，这和挨饿受冻又差着一大截，我们为什么要赶走猫呢？"

故事中的农妇经过分析，很快知道了自己想要的是什么，要想不挨饿受冻，就必须养猫舍鸡，付出代价才能有回报，这就是所谓的"将欲取之，必先予之"。但是想想，又有多少又想取，不想予，只想得，不想舍，贪得无厌，结果到最后却什么都没得到。只有智者知道，舍是得的前提，敢大舍的人才能大得。

"舍得"这个词几乎包含了人生所有的真知妙理，只要把握好舍与得的尺度，就等于拿到了人生成功的金钥匙。"人生一世，草木一秋"，人情世事，其实质不过是舍与得的排列组合。所以，当被日常生活中的烦琐小事缠绕身心时，要想到有舍才有得，你的心灵就会自然而然地获得平静和安宁。

所以，"舍得"之道，是一种精神、一种境界，更是一种大彻大悟、大智大慧。

[舍得也是一种经营之道]

欲"得"先"舍"，现实中，赠予也是一种经营之道。舍得之中，有舍有得，只有舍去，才能得到。就像我们对待生活，总是无限回忆、追思过去，却不知前面的风景更加美好。向前看，才会有所发展，有所进步。

第二次世界大战刚一结束，几个战胜国就商量一件事情，他们决定在美国纽约成立一个协调处理世界事务的联合国。可是，当他们做好准备工作之后才突然发现，这个全球至高无上、最有权威的世界性组织竟找不到自己的立足之地。

出钱买地吧，这个机构才刚刚成立还身无分文。发倡议让世界各国筹资吧，牌子刚刚挂起，就要向世界各国搞经济摊派，负面影响太大，况且刚刚经历了战争的浩劫，各国都财库空虚，甚至许多国家财政赤字居高不下。想来想去，竟然想不出办法，想要在寸金寸土的纽约筹资买下一块地皮，对于刚刚成立的联合国来说，真的不容易。

不过，这个消息很快就被美国著名的家族财团洛克菲勒家族知道了，他们经过商议，便马上果断出资870万美元，在纽约买下了一块地皮，将这块地皮无条件地赠送给了这个刚刚挂牌的国际性组织——联合国。与此同时，洛克菲勒家族还将联合国周边的大面积地皮全部买下。

洛克菲勒家族的这一举动，令许多美国大财团都吃惊不已——870万美元，对于战后经济萎靡的美国和全世界都是一笔不小的数目，但是，洛克菲勒家族却将它拱手相赠，没有任何附加条件。当时，美国各大财团和地产商都嘲笑他们说："这一举动简直太愚蠢了。"还奚落说："这样经营不要十年，著名的洛克菲勒家族财团便会沦落为著名的洛克菲勒家族贫民集团。"

结果却让所有人大跌眼镜，联合国大楼刚刚完工，它周边的地价便立刻飙升起来，相当于捐赠款数十倍、近百倍的巨额财富源源不断地涌进了洛克菲勒家族。这个结局谁都没有想到，这也令那些曾经讥讽和嘲笑过洛克菲勒家族的商人们目瞪口呆。

智者曾说过："君王会羡慕在路边晒太阳的农夫，因为农夫有着君王永远不会有的安全感，而要有农夫那样的安全感就不能拥有君王的权势。"做人是需要付出代价的，人生选择有好有坏，却没有不要成本的选择。若一开始就能做出正确的选择，就能降低人生选择的成本，创造更多的"利润"。

也许当你没有把得失看得很重的时候，你恰恰能得到；也许你只有"舍"了，才能得到舍得舍的，有舍才有得，看淡生活，心平气和。

[舍得，先"舍"后"得"]

从前，有两个商人在沙漠里迷失了方向，他们肩上扛着水壶和沉重的黄金，但水壶里却没有水。过一条河时，两个人分开了。一个叫杰克的人不舍弃黄金，结果倒下了，死在了沙漠里；另一个人舍弃了黄金，在河流边灌满了水壶，并找到了过往的商队，最终走出了沙漠。知道舍得的人是聪明的，"舍"的是身外之物，"得"的却是身家性命。

故事中的杰克在绝境之中，不懂得生命最重要，只知道"舍"大于"得"，结果人财两空，实在是愚蠢之至。

人赤条条来到这个世上，生下来都是纯洁的，贪欲都是在后天的成长过程中慢慢形成的。现在这个社会，有少数大权在握的人整天幻想鱼和熊掌兼得，虽坐拥金山银山还不满足，直到东窗事发而舍命。聪明的人是懂得"舍"的。

先贤墨子口中的君子准则是：贫穷的时候显示出廉洁，富有的时候表现出仁义。再有钱的人，也是一日三餐，夜眠一床。谁都不可能占有一切，尤其是在物质方面，舍得意味着自己的富有。舍得本身就是一种快乐，舍了自己的钱财帮助别人，终将获得好报。"舍"体现了你的气度和胸怀，不要像巴尔扎克笔下的葛朗台那样穷得只剩下金子，可怜至极。

聪明的人都知道，舍得是一种人生哲学。它是一种本领、一种态度、一种境界。

智慧背囊：

人活一世，总想无限制地得到，这是人的本性。可是，欲壑难填，欲望常常使人对"舍"与"得"把握不定，不是不及，便是太过，于是产生了许多本来不应该发生的悲剧。人们常说：会生活的人，最懂得"舍得"。"舍得"两个字，将人生中所有的真知妙理都浓缩其中，只要你能真正把握舍得的尺度，便掌握了人生成功的钥匙。

漫漫长路，人需要不断地去适应环境才能生存。如果不能改变环境，就改变自己。只有这样，才能克服更多的困难，战胜更多的挫折。如果不能看到自己的缺点与不足，只是一味地埋怨环境不利，从而把改变境遇的希望寄托在改换环境上面，这是一种徒劳无益的做法。

变色龙如果一旦隐藏起来，很难被人们发现，它能根据周围环境改变自己身体的颜色，以免被敌人发现，因此它被敌人杀死的可能性就非常小。根据周围环境的变化改变自己，同样也是一种处世哲学，它能让你一步步走向成功。

你无法改变世界但可以改变自己

生活中难免有不如意之事，若你想抱怨，生活中一切都会成为你抱怨的对象；若你不抱怨，生活中的一切都不会让你抱怨。因为，环境不会因你的抱怨就马上变化，一味地抱怨不但于事无补，有时还会使事情变得更遭。因此，当事实摆在面前的时候，你不应该抱怨，而要靠自己的努力来改变现状并获得幸福。

[改变环境还是改变自己？]

每个人都可以选择自己生存的环境，你可以选择屈服，也可以使自己变得更加坚强。反之，你也可以选择改变环境，让环境因你而改变。改变环境还是改变自己？这一切的结果只在于你是怎样想的。

刚踏入社会的年轻人张坤，经常向别人抱怨生活，抱怨事事都那么艰难。他说："我快崩溃了，真不知道该如何应付生活，简直要自暴自弃了。我很迷茫，总是觉得生活和学习的压力已经超过我所能承受的极限，好像一个问题刚解决，新的问题就又出现了。"

看到儿子这种情况，当厨师的爸爸把儿子带进厨房，分别往三口锅里倒入了一些水，然后把它们放在旺火上烧。过了一会儿，锅里的水烧开了。他往一口锅里放了一截胡萝卜，第二口锅里放入了一个鸡蛋，最后一口锅里放入的是碾成粉状的咖啡豆，他将它们浸入开水中煮，而且什么都没有说。张坤不明白爸爸的意思，不耐烦地等待着，不知道爸爸在做什么。

大约过了15分钟后，爸爸把火关了，把胡萝卜捞出来放在一个碗内，把鸡蛋捞出来放入另一个碗内，然后又把咖啡倒在一个杯子里。做完这些后，他才转过身问张坤："你看见什么？""胡萝卜、鸡蛋、咖啡。"张坤这样回答。

爸爸让张坤靠近些，并让他用手摸摸胡萝卜。他伸手去摸了摸，注意到它们变软了。爸爸又让张坤拿起鸡蛋并打破它，将壳剥掉后他看到这只鸡蛋被煮熟了。最后，爸爸让张坤喝咖啡。

品尝到香浓的咖啡，张坤笑了，他问爸爸："爸爸，这意味着什么？"

看着张坤不解的表情，爸爸解释说，"这三样东西面临同样的逆境——煮沸的开水，但它们的反应却各不相同。胡萝卜入锅之前是毫不示弱的，它非常强壮、结实，但在放入开水后，它变软了，变弱了，也就是它完全被环境打败了。鸡蛋原本易碎，它薄薄的外壳保护着它呈液体的内脏，但是经开水一煮，它的内脏变硬了，它被环境改变了。最独特的是粉末状的咖啡豆，它进入沸水，反而改变了水。"

生活如海上行舟，并不是一帆风顺的，每个人都会遇到这样或那样的困境。在困境面前，每个人都有权决定自己的态度和前途。假如你学胡萝卜，那么你将会被自己所处的环境打败；假如你学鸡蛋，那么你也会因环境而变得坚强；假如你学咖啡豆，那么你就可以改变环境。处于什么样的环境并不重要，重要的是你可以屈服，也可以使自己变得更坚强，这一切的结果只在于你是怎样想的。

[改变环境不如改变自己]

俄国最伟大的文学家托尔斯泰说："世界上只有两种人：一种是观望者，一种是行动者。大多数人都想改变这个世界，但没人想改变自己。"如果你对自己的现状不满意，那么就得改变自己。首先要改变的，就是自己的观点。世人的一切成就，都是从正确的观念开始的。接二连三的失败，也都是从错误的观念开始。在这个社会上生存，就要学会适应变化，就要改变自己。

古希腊哲学家柏拉图告诉弟子，自己会移山术，弟子们于是纷纷请教方法。他笑着说道："很简单，山若不过来，我就过去。"弟子们听了都目瞪口呆。其实，这世界上根本没有什么移山之术，唯一能够移山的秘诀就是：山不过来，我便过去。一样的道理，当我们无法改变自己所处的环境时，那么就不妨改变自己。

意大利航海家哥伦布发现美洲新大陆后，欧洲不断向美洲移民。为了满足生存的需要，欧洲人在美洲大量种植苹果树。可是到了19世纪中期，美洲的苹果大面积减产，原因是出现了一种新的害虫——苹果蛆蝇。刚发现的时候，人们都以为害虫是从欧洲带过来的。但后来经过研究，人们发现苹果蛆蝇是由当地一种叫山楂蝇的变化而来。因为欧洲人在这里大量种植苹果树，许多本地的山楂树被砍掉了，以山楂为生的山楂蝇为了适应这种情况，改变了自己的生活习性，开始以苹果为食物。于是，在不到100年的时间里，山楂蝇为了生存进化成了一种新的害虫。

是的，我们可能改变不了环境，改变不了这个世界和社会上的许多东西，但是我们可以改变自己，给自己的生存创造条件，这样我们就可以适应变化，不被打败。

在很久以前，人们都是不穿鞋赤着脚走路的。

有一位国君到某个偏僻的乡间旅行，因为路面崎岖不平，有很多碎石头，刺得他的脚又痛又麻。国君回到王宫后，随即下了一道命令，要将国内的所有道路都铺上一层牛皮。他也认为这是一件利国利民的好事，不只是为了自己，还可造福于他的子民，这样人走路时就不再受刺痛之苦了。

可是国土辽阔，就算是杀光全国的牛，也筹措不到足够的皮革，而所花费的金钱、动用的人力，更是不计其数。人们尽管知道这个事情不但难以做到，而且还相当愚蠢，可谁也不敢违抗国君的命令，人们也只能摇头叹息。

后来，有一位聪明的仆人大胆向国君谏言："国君啊！为什么你要劳师动众，牺牲那么多头牛，花费那么多金钱呢？何不只用两小片牛皮包住您的脚呀？"国君听了非常高兴，当下收回成命，采纳了这个建议。这就是"皮鞋"的由来。

也许我们不能改变世界，但是我们可以改变自己。如果你现在生活的环境让你感到不适应，不要抱怨，而是要首先改变自己，用爱心和智慧来面对这一切，要努力适应环境，而不是让环境适应你。

高仓健是一名出色的演员，他扮演的很多角色都深入人心，很受观众喜爱。你可能不知道，高仓健原本并不喜欢演员这个职业，一开始他只是为了生计逼不得已才进演艺圈当上了演员，所以他无时无刻不想着有朝一日逃离这个不利于自己发展的环境。正是这种想法让他不能全心投入去做事情，结果高仓健不但没赚到钱，而且还面临着"下岗"的危机。后来，朋友都告诉他努力去适应这个环境，要想让环境因你而改变是不可能的。于是，高仓健便尝试着改变自己，让自己的一切都融入整个演艺界这个大环境中去。结果，改变后的高仓健如鱼得水，很快适应了演艺圈的环境，成为国际巨星。

这里所说的改变，并不是没有原则的改变，更不能因为改变而放弃原则，关键是把握好度。适度地进行改变，是一个积极向上的变化，是一个成功的垫脚石，而不是消极的行为，更不是消极地放弃。总而言之，改变是为了更有效地积蓄力量，以便机会到来时进行全力冲刺。

智慧背囊：

在威斯敏特教堂地下室，英国圣公会主教的墓碑上写着这样一段话：

当我年轻自由的时候，我的想象力没有任何局限，我梦想改变这个世界。

当我渐渐成熟明智的时候，我发现这个世界是不可能改变的，于是我将眼光放得短浅了一些，那就只改变我的国家吧！

但是我的国家似乎也是我无法改变的。

当我到了迟暮之年，抱着最后一丝努力的希望，我决定只改变我的家庭、我亲近的人——但是，唉！他们根本不接受改变。现在，在我临终之际，我才突然意识到：如果起初我只改变自己，接着我就可以依次改变我的家人。然后，在他们的激发和鼓励下，我也许就能改变我的国家。再接下来，谁又知道呢，也许我连整个世界都可以改变。

古语云："凡事预则立，不预则废。"制定一个正确的目标是人生成功的第一步。因为有了正确的人生目标，你就会瞄准目标，直线前进，不必为迷失方向而徘徊不前，浪费宝贵的时光。

所以，不要再犹豫，尽早制定好你的人生目标吧！这样你就能正确地把握好人生的方向，在正确的道路上勤奋打拼，定能打造美丽成功的人生。

准确的人生定位是成功的基础

古希腊数学家阿基米德曾说："给我一个支点，我将撬动整个地球。"也就是说一个准确的人生定位，将决定你一生成就的大小。

[错误的路，再努力也是徒劳]

漫漫人生路上，谁也没有理由盲目挥霍自己的青春、健康、智慧和财富。在你努力之前，请你做好选择，请你一定要找准目标，否则坚持往往换来失败。

鱼本来生活在水里，可当有一天看到一只在天空中自由飞翔的鸟儿时，它心生羡慕，就想："水里的生活太闷了，要是我也能够飞翔多好啊！"

从看到鸟的那一刻起，这条鱼就开始整日整夜地模仿飞鸟在天空中飞翔的姿势，它希望有一天能冲出水面，飞上蓝天。别的鱼都劝阻它："你别白费力气了，鱼只能生活在水里，永远也学不会飞翔。"同伴的劝阻使这条鱼很生气："你是嫉妒我以后能够飞翔吧？你们等着瞧吧，只要我坚持不懈地努力，就一定能够学会飞翔的本领！"

于是，这条鱼不仅没有听同伴的劝告，反而更加勤学苦练飞翔的本领，继续做着飞翔的美梦。可怜的鱼儿苦练了一辈子，都没有学会飞翔，直到它被渔夫打捞上网的那一刻，它还是不明白："我勤学苦练了那么久飞鸟飞翔的姿势，可我为什么就是不能飞翔呢？若是我能飞翔那该多好，可能我就不会被这该死的渔网网住了。"

人又何尝不是这样，常常在失败后抱怨上天不公，让自己的心血与汗水付诸东流。拼命努力的结果，带来的仍然是失败，也许你和鱼儿犯的是同样的错，只知道勤奋，却不知道选择适合自己的方向。

在一望无际的大海中航行，若没有灯塔的指引，不管多么大的轮船也不可能达到预想的彼岸；在丛深林密的原始森林中穿行，若没有指南针的指引，不管拥有多么强壮的身体，也不可能走出森林；在漫漫人生路上行走，若没有一个正确的人生目标，不管你有多么强的能力，也不会取得事业上的成功，最终只能是一事无成。

比塞尔是西撒哈拉沙漠中一块约两平方公里的绿洲，1926年英国皇家学院院士莱文发现它之前，这地方没有一个人走出大沙漠。比塞尔人对莱文说，不管你朝哪个方向走都会转回来。比塞尔人为什么走不出去呢？莱文很奇怪，于是他雇了一个当地人带路，看到底是怎么回事。他们走了10天，走了800英里，耗尽了所带的粮食和水，第11天早晨，一块绿洲出现在他们的眼前，他们果然又回到比塞尔。这位科学家终于明白了，这里的人之所以走不出沙漠，是因为他们根本不认识北极星，也没有指南针。

看完这个故事，我们明白了：在现实生活中，要获得成功，光有信心、想法、勇气是不够的，还必须有一个正确的目标，这样我们才能走向成功，不至于像比塞尔人一样困在沙漠里。

总而言之，一定要选择走正确的路，选好正确的目标，在属于你自己的路上勤奋！一定要记住这句话：一个智慧的选择胜过千万个忙碌的打拼。

［找准目标，就能改变人生］

曾在某杂志上看过一篇文章：在田径飞人刘翔少年时期时，上海市普陀区体校的教练顾宝刚发现他的身体素质非常出众，便将他招入名下练习跳高。一开始，刘翔训练非常刻苦认真，成绩提高也很快。可过了一段时间之后，不管刘翔再怎么刻苦训练，成绩却几乎没什么提高。教练顾宝刚无奈地对刘翔说："练跳高你身体条件有点差，你的腿若能再长5厘米就好了。以你现在的身高最多也就是个亚洲冠军……"最后，在顾宝刚教练的建议下，刘翔改练跨栏。事实证明这次改变实在是太正确了，在万众瞩目的2004年雅典奥运会上，刘翔夺得110米栏冠军，创造了中国乃至亚洲人在短道项目上的奇迹和神话！在电视机前看到这一幕的顾宝刚教练感慨道："他幸亏矮了5厘米。"

有一位哲人曾说，"哪怕是最弱小的生命，一旦把全部精力集中到一个目标上也会有所成就。"而最强大的生命如果把精力分散开来，最终也会一事无成。你花很多时间卖力工作，创意十足、聪明睿智、才华横溢、屡有高见，甚至好运连连——但是，若你无法在创造过程中给自己找准目标，正确定位，不知道自己的方向在哪里，一切都会徒劳无功。因此，想要成功，就给自己一个成功的定位，也许这能改变你的人生。

一个乞丐站在路旁卖苹果，一名商人路过，向乞丐面前的纸盒里投入几枚硬币后，就匆匆忙忙地赶路了。

过了一会儿，商人回来取苹果，说："对不起，我忘了拿苹果，因为你我毕竟都是商人。"

两年后，这位商人应邀去参加一次高级宴会，遇见了一位衣冠楚楚的先生向他敬酒致谢，并告知说他就是当初卖苹果的乞丐。而乞丐的生活之所以能有这样大的改变，完全得益于商人的那句话：你我都是商人。

事实再一次告诉我们：有什么样的定位和目标，就有什么样的人生，你定位于乞丐，你就是乞丐；当你定位于商人，你就是商人。

伟大的生物学家、进化论的奠基人拉马克在青年时期曾有过各种各样的梦想，也从事过很多行业的工作，但都没有做出什么成就。直到拉马克24岁的时候，有一天他在植物园散步时遇上了法国著名的思想家卢梭，卢梭很喜欢拉马克，常带他到自己的研究室里去。在卢梭的研究室里，拉马克被科学深深地迷住了。

从那时起，他花了整整11年的时间，系统地研究了植物学，写出了名著《法国植物志》。在35岁的时候，他当上了法国植物标本馆的管理员，又花了15年研究植物学。到了50岁，拉马克开始研究动物学，他为此花费了35年的时间。后来，拉马克终于成为一位著名的博物学家。

纵观古今中外，大凡有成就的人，都像拉马克后来一样，很注意把精力用在一个目标上，专心致志，集中突破，这是他们成功的最佳方案。有人曾经问物理学家牛顿是怎样发现万有引力定律的，他回答说："我一直在想着这件事。"

所以说，最弱的人，集中其精力于单一目标，也能有所成就；反之，最强的人，分心于太多事务，可能一无所成。

智慧背囊：

不要让一个错误的目标使自己与成功"南辕北辙"，一个人能否成功，就看他是否对自己的能力有正确的评价，再有一个切合实际的目标牵引，然后一步一个脚印地走下去，取得成功其实很简单！

现实生活中，完美是一句很有诱惑力的口号，但也是一个漂亮的陷阱，当人们陷进泥塘里面，却还以为是席梦思软床。就是这样，人们在浑然不觉中跌进完美所造成的误区里，只不过人们常常被这种误区的漂亮面貌所迷惑，以至于当它们渐渐被日后的逞强、虚荣所代替，慢慢地心理上磨出了老茧，而人们却浑然不知。所以，你可以追求美，但不是完美！

不苛求完美才能更美

那些追求完美的人，总是严格要求自己把事情做到最好，保持最佳的状态。做任何一件事，他们都会给自己定下高不可攀的目标；他们总是在不断地追逐之中；他们害怕失败，哪怕是一次小小的出错；他们对周围的人和事总是以挑剔的眼光来看待……就这样，完美主义者一点一点地把自己推入了煎熬的火坑，自己折磨和打击自己。

其实，他们不知道，这个世界上根本就没有完美。追求完美，本身就是不完美。

[追求完美，本身就是不完美]

天造万物，是非常公平的。如果一个人在某一方面有突出的优点，那么也必然有另一方面让人觉得不完美的缺点。所以说，世人都是有缺点的，因此，没有必要去苛求完美，也不要对别人求全责备。

很久以前，泰国有一位先生娶了一个体态婀娜、面貌娇美的太太，两人情如金石，恩恩爱爱，是人人称美的神仙美眷。太太长得眉清目秀，柳眉、凤眼、樱桃嘴、瓜子脸，性情温和，美中不足的是长了个酒糟鼻子。就这一点，真是大煞风景，好像失职的艺术家，对于一件原本足以称傲于世间的艺术精品，少雕刻了几刀。

对妻子这一缺陷，丈夫始终感到有点遗憾。有一次他外出经商，路经一个贩卖奴隶的市场，只见广场中央站了一个身材单薄、瘦小清秀的女孩子。此时，这个女孩正以一双水汪汪的泪眼，怯生生地环顾着一群如狼似虎、决定她一生命运的大男人。

商人在仔细端详了这个女孩子的容貌后，当即决定买下她，他兴奋地说："太好了！多么端正完美的鼻子，不管花多少钱，我都要买下她！"

于是，这位商人花高价买下了长着端正鼻子的女孩子，兴高采烈地带着她日夜兼程赶回家，想给心爱的妻子一个惊喜。回到家，商人把女孩子安顿好之后，便用刀子残忍地割下了她漂亮的鼻子，拿着血淋淋而温热的鼻子，大声喊着："太太！快出来吧！看我给你买回来什么最宝贵的礼物！"

"什么宝贵的礼物，让你这样大呼小叫的？"太太满面不解地应声走出来。

"你看！我为你买了什么，一个端正美丽的鼻子，你快戴上看看。"商人说完，突然趁其不备，抽出怀中的利刃，一刀朝太太的酒糟鼻子砍去。霎时太太的鼻梁血流如注，酒糟鼻子掉落在地上。商人急忙用双手把女孩端正漂亮的鼻子嵌贴在伤口处，可不管他再怎么努力，那个漂亮的鼻子始终无法黏在妻子的鼻子处。

看了这个故事，我们会觉得这个商人实在又可笑又可怜，古人早就说过："人有悲欢离合，月有阴晴圆缺，此事古难全"，事物的不完美是客观存在的，若是刻意去追求完美，那本身就是一种不完美。所以结果也可想而知，多半是徒劳的。

有这样一则笑话：一个单身男人来到一家婚姻介绍所，进入大门后，只见迎面有两扇小门，一扇写着：漂亮的，另一扇写着：不太漂亮的。男人推开"漂亮"的门，迎面又是两扇门。一扇写着"年轻"的，另一扇写着"不太年轻"的，男人推开"年轻"的门。在这家婚姻介绍所里，男人先后推开九道门，当他来到最后一道门时，门上写着一行字：您追求得过于完美了，到天上去找吧。

这虽然是个笑话，但也同样告诉我们：这个世界上没有真正十全十美的人，我们不要过分追求完美。

如果你偏执地一定要追求完美，实际上是堵死了通往婚姻的那扇门，因为世界上没有一个人是完美无缺的，有志的可能无心，有心的可能无力，有力的可能无钱，有钱的可能无情，有情的可能无爱，有爱的可能无缘，有缘的可能无分，有分的可能在一起无法相处。总而言之，有天时的没有地利，有地利的没有人和，有人和的又缺少其他的东西，有了这样又没了那样。所以，这个世界根本就不存在完美。

[成功追求卓越，而不追求完美]

长期以来，人们都有一个错误的想法，总是认为成功就是完美者的表现，只有完美者才能与成功匹配。其实事实并不是这样，成功只是追求卓越！

有人说成功就是将一件事情做到完美无瑕，事实上成功只是在追求卓越。就像一句广告里所说的，"没有最好，只有更好"。也许你会问，完美和卓越的区别在哪里呢？

其实它们的区别就在于，完美是不可以犯错误的十全十美。而卓越是可以包容小错误的。简单地说，成功是可以存在小错的。古人云："人非圣贤，孰能无过。"看看这些成功者说过的话。林肯总统说："我们在学到的事物中，做错的事比做对的事还要多。"科学家爱迪生说："秘诀不是失败71次，而是有毅力尝试到成功为止。"印度圣雄甘地说："只有傻子才期望完美。聪明的人寻求学习。"

如果一味地去追求完美，那只会让人无法动弹，人们常常会怕达不到完美的境界，于是就不敢冒险去尝试。这样造成的后果是：人的思想会瘫痪，想法也会被局限，从而不敢大胆地冒险一搏。

有这样一个故事：一个年轻人屡遭失败，他不满意自己的命运，于是他对上帝说："上帝啊！求求你了，我不满足自己的命运，请你改变我的命运吧！"听着年轻人的诉说，上帝笑了笑说："若你能找到一个对自己命运满意的人你的厄运将从此结束。"于是，年轻人开始了他的搜寻旅程。这天，他来到金碧辉煌的皇宫，问皇帝是否满意自己的命运时，皇帝连连摇头说："我虽贵为一国之君，但是日日寝食不安，刻刻担心自己的皇位能否保持长久，天天想着怎么让自己的臣民过上国泰民安的生活……我还不如街上的流浪汉。"年轻人又问街上的流浪汉，流浪汉说："我终日流浪，连一顿饱饭都没有，要是皇帝多好呀……"

尽管不提倡去追求完美，但没有人会满足本可以改善的不理想的现状，因此你试图寻找一个更好的方法：你要用你的行动去改善事物，而不是"望洋"长叹，一味表示不满。同时你应该认识到：我可以把一件事情做到尽可能的好，但并不是十全十美。因此，成功是卓越！

智慧背囊：

任何事情都会有度，就像水到了100℃就会沸腾，低于0℃就会结冰一样，追求完美超过了一定的度，就会变得不完美。不管做什么事情，都要懂得适可而止，若是达不到想象中的那么完美就誓不罢休，那就是和自己较劲了，久而久之，心里就有可能系上解不开的疙瘩，慢慢地这疙瘩就会被系得越来越死。也许有一天，他就会在你不知不觉的情况下变成一种心理疾病。因为人们的心理就像是一根树枝，就算再坚硬，也会渐渐承受不了越来越沉重的负担。所以，在追求成功的道路上，不去苛求完美，那么你就能早一天成功！

古希腊大哲学家柏拉图曾说："如果你不能成为大道，那就当一条小路；如果你不能成为太阳，那就当一颗星星，决定成败的不是尺寸的大小，而是做一个最好的你。"其实，这段话在告诉我们，每个人都可以成功，就看你怎么样去做了。

人生，要懂得取舍。

如果不能成为一条大道，不妨做好一条小路

现实生活中，取舍就意味着选择，这是每个人都要面对的。你的取舍越多，那么所剩下的，就变成支撑你生存的力量。

［人生有很多取舍］

人可以在矛盾中领会真谛、领会得失，人生都是在矛盾中度过的，因此，人生会有很多取舍，只不过在某一时刻、某一时段有人取得多一点，有人舍弃多一点罢了。

生活中的取舍，有时候就像猴子掰玉米，拿起一个就要放下另一个。最后也许就和最初是一样的，赤条条地来，赤条条地去。不过他并非一无所有，他享受了整个取舍的过程。人生岂不如此？人们常常取笑猴子太傻，可是谁能保证自己一辈子都守着自己最初拾起的贝壳而止步不前呢？谁会遇到更美、更大的贝壳而不去选择呢？答案谁都知道。可能你会说，那最好的办法就是不再前进，不去寻找，但是生命的脚步会停止吗？

有这样一个故事：一个小男孩趴在窗台上，看窗外的人正埋葬他心爱的小狗，不禁泪流满面，悲恸不已。他的祖父见状，连忙引他到另一个窗口，让他欣赏玫瑰花园。果然小男孩的心情顿时明朗。老人托起孙子的下巴说："孩子，你开错了窗户。"现实中，其实我们也常常犯这样的错误。若是换个角度，打开失败旁边的窗户，可能你看到的就不再是沮丧。

生活中你要学会选择、懂得取舍。"舍"不是放弃，而是为了未来敢于放弃眼前的一种境界，填充未来更多的精彩；"取"，不是为了得到而不择手段，是张驰有度地获得真正所需要的。"取舍"说来简单，却蕴涵着大道理。懂得享受生活的人，必然懂得取舍之道。作家贾平凹说："不舍不得，小舍小得，大舍大得。"因此，面对人生中纷繁的取舍，有时候一如你喜欢的、深爱的、迷恋的东西或者人，学会放弃也是一种美。选择"舍"是一种锤炼，尽管会经历痛苦，但人生一定会获得更多精彩。

人生有很多取舍，有快乐的，也有痛苦的。但懂得取舍的，定是智者。

[精彩人生，做出正确的取舍]

人只要活着，就要去面对生命旅程中各种精彩纷呈的诱惑，也会面临许多重要的选择。这个时候，能够清醒、睿智、豁达、果断地做出正确的取舍，就显得尤为重要了。

华裔科学家崔崎获得了诺贝尔奖，在接受采访时，记者惊讶地发现：一个诺贝尔奖获得者竟不会用电脑！记者问："你不会用电脑，那计算和查找资料时是怎么做的？"崔崎笑着答："我都是用笔算的，资料也是查找书本的。""那你为什么不学电脑，那样会很方便的。"他泰然地说："因为我没有那么多的时间和精力去学，我的全部精力都放在我的研究上了。"崔崎的取舍，用我们现在的眼光去看，也许有点难以理解。不过，在人的一生中有太多的岔路口，我们只能选择其一，而不能同时拥有两种选择。崔崎选择了他的科学研究，所以就放弃了其他，如学电脑。

现代社会，是不乏有志之士，不乏许多上进的人，他们中一部分人充分地利用时间，克难攻艰，不断奋斗，取得了出色的成就；但也有一部分人，他们空抱一颗亢奋的心，空谈妄想，留恋生活的风花雪月，不付诸行动，结果一生一事无成。

生活中，为什么有人成功有人失败呢？总结一下，这是人与人之间对于生活态度的不同所致。在同等的时间里，成功的人选取了事业，全身心把精力投进了事业，舍去了不必要的娱乐活动，诱惑躁动。失败者却恰恰相反。俗话说，播下一粒种子，收获一片果实，种下了成功的种子终将收获成功的喜悦。总之，正确的取舍决定着人生的成功与失败。

一位老教师一生教书育人，酷爱收藏古董，几近于痴狂。每次把玩，都是万分小心。有一次，一件心爱的瓷瓶不小心从手中滑落，结果瓷瓶被摔碎了，老教师顿时脸上流露出不高兴的表情，因为这个瓷瓶的价格上万元了，好几天这位老教师吃饭、睡觉都没有以前好了。在大学教书的儿子得知父亲这件事后，回到家里对老人说，"爸爸，只要您的身体好，比什么都重要，瓷瓶摔碎了，咱们以后还可以收藏……"。听了儿子这番话后，这位老教师终于顿悟：自己之所以吃不好，睡不香，是因为有了得失之心。于是，他不再想这件事，突然觉得自己如同丢弃了沉重的包袱，心境变得从容而淡泊。就这样，这位老教师虽然失去了一只瓷瓶，却寻回了自己。

生活中的取舍法则告诉我们，人生中最重要的两件事是：善于选择和敢于放弃。如果在面对一件事情时，你敢于主动放弃，也就标志着你新的人生的开始。

[不同的取舍，造就不同的人生]

人的一生，其实就是一个不断取舍选择的过程，有选择就会有成本。用经济学的一个词汇来形容叫作机会成本，又称择一成本。简单地说，就是当我们得到一个东西时就要放弃其他东西。在人生的各个时期，摆在我们面前的一个个选择，都有一个机会成本是大还是小的问题。在人生的道路中，不同的取舍，造就不同的人生。

有这样一则寓言：在院子里，一头毛驴要吃草，毛驴的左右两边各放一堆青草，先吃哪一堆呢？就这样，可怜的毛驴在犹豫不决中饿死了。美国总统林肯说："所谓聪明的人，就在于他知道什么是选择。"现实中，之所以很多人劳碌一生却无所作为，原因就是舍不得放弃机会成本，这就是机会成本对人生的影响。

人的一生充满了选择，但一件事除外——就是自己的出身，不过，出生之后其他一切都是自己选择的结果。曾经有一位著名的哲学家说过这样一句话："人有选择的自由，但是人没有不选择的自由。"这句话道出了这样一个真理：人生处处有选择。

在非洲地区的热带丛林里，人们用一种奇特的狩猎方式捕捉猴子：在一个固定的小木盒子里装上猴子爱吃的坚果，在盒子上开一个刚好够猴子的前爪伸进去的小口。猴子一旦抓住坚果，爪子就抽不出来了。这种方法之所以屡试不爽，就是因为人们摸透了猴子的习性：不肯放下已经到手的东西。你也许会嘲笑猴子太蠢，松开爪子不就可以逃生了吗？其实，你知道吗？现实中人们也在犯着同样的错误。

在人生中，我们难免会面临各种痛苦的抉择，这就如同掉到河里一样，除了游上岸不至于淹死外，别无生路，所以，我们不得不选择。

在遇到机会成本很高的时候，人们常常无法抉择，因为任何人都不愿轻易放弃可能得到的东西。所以，取与舍也是需要胆略和智慧的，特别是当你发现自己的选择是错误的时候，一定要勇于放弃并及时进行调整，只有这样，才能保证你的人生不偏离主航道并到达成功的彼岸。

智慧背囊：

人生的成功没有什么便捷之路可走，也没有什么捷径可寻，做好取舍足矣。知之易，行之难，正确取舍是迈出正确人生的第一步。

为人处世，一味地刚强，一味地硬撑，只会给自己带来不必要的伤害甚至牺牲。只有做到刚柔互济，懂得"低头"，才能保护好自己，立于不败之地。

若是学会了这种人生智慧，哪怕你是处在低谷深渊，谁也不能不说你是巨人！

学会低头方能更好抬头

有句谚语说："低头的是稻穗，昂头的稗子。"越成熟，越饱满的稻穗，头垂得越低，只有那些空空如也的稗子，才会招摇显摆，始终把头抬得老高。人生也是这样，世事纷繁复杂，一个人的力量是有限的，要为自己取得优势，就应该懂得弯曲低头。

[弯曲一下又何妨]

在一个阳光明媚的午后，一只美丽的花蝴蝶从敞开的窗子飞进了一幢漂亮的房子，一圈又一圈地飞舞着，它的舞姿吸引了正在瞌睡中的主人，主人的目光顿时随着这只蝴蝶运动的曲线而飘移。飞了几分钟后，蝴蝶的舞姿越来越凌乱了，显然它是迷路了。

迷失方向的蝴蝶开始在屋子上空焦急地寻找出路，好几次它差点就要飞出窗户了，但是它总是拼命地使自己往高处飞，最终撞在窗户上面的天花板，它使尽全力让自己飞得更高、更远。但是它哪里知道，只要它飞的再低一些就会飞出窗户进入外面的世界。最终，这只因为在高空盘旋而不肯低飞的蝴蝶耗尽了体力，奄奄一息地落在地板上。

现实生活中，有很多人像这只蝴蝶一样，遇事不肯低头，结果错失了光明的前程。人生在世，谁都会有压力，当你承受不住的时候，你不妨灵活地低个头。做人虽然不可无傲骨，但做事也不能总是昂着头，那样就看不到脚下的路，说不定还会栽跟头。弯曲低头不是让你倒下，而是为了更好地站立。

春秋时期，有一个宰相的亲属因为盖房子的事情，和邻居家发生了冲突。于是，家里人便写信给宰相，要他出面干预，宰相当即回了一封信，信里是一首诗："千里修书只为墙，让他三尺又何妨？万里长城今犹在，不见当年秦始皇。"宰相家人看到信后，主动退让了三尺，邻居家看了，人家风度如此之高，也羞愧不已，同样退了三尺。这个故事流传至今，仿佛仍在向人们告诫着"学会低头，弯曲一下又何妨"的道理。

千百年来，我们一直推崇"大雪压青松，青松挺且直"的精神，但是那些小枝干硬是承受这样大的压力，坚持"挺且直"，那么最终的结果可能只有一个，断枝夭折。那么，不妨试着弯曲一下，抖落满身的浮雪，也许命运将从此改变，也为以后成为参天大树创造了条件。

是啊，弯曲一下又何妨！学会弯曲，不是让你一味地妥协，而是战胜困难的一种理智的忍让。学会弯曲，也就学会了用更高的智慧去解决世间的困难。

当压力已不能承受的时候，你要知道：有时弯曲是为了更好地弹起。

[学会低头]

曾经有人问希腊大哲学家苏格拉底说："人们都说你是天下最有学问的人，那我想请教一个问题：请你告诉我，天与地之间的高度到底是多少？"听了这个问题，苏格拉底微笑着回答道："不多不少，三尺！"

"胡说，我们每个人都有四五尺高，天与地的高度只有三尺，那人还不把天给戳出许多窟窿？"哲学家笑着说："因此，在这个世界上，凡是高度超过三尺的人，要能够长久地立足于天地之间，就要懂得低头呀！"苏格拉底一语道破了人生的真谛：懂得低头。

有一次，一位气度不凡的年轻人，昂首挺胸，迈着大步去拜访一位德高望重的导师。不料，刚一进门，他的头就狠狠地撞在了门框上，疼得他一边不住地用手揉搓，一边看着比他的身子矮一大截的门。这个情景，恰好被出来迎接的导师看到了，他笑着说："很痛是吧？可是，这将是你今天访问我的最大收获。"年轻人不明白，疑惑地望着他。导师接着说："你要记住，一个人要想平安无事地生活在世上，就必须时刻记住：该低头时就低头。这也是我要教你的事情。"

从此，这位年轻人牢牢铭记着导师的教诲，并把"该低头时就低头"作为毕生为人处世的座右铭。最后，这个年轻人成为功勋卓越的一代伟人，他就是被称为美国之父的富兰克林。

尽管我们都是凡人，虽不能与苏格拉底和富兰克林相提并论，但也应该处处学会低头，懂得低头，敢于低头。不妨学一下：雪压枝头的青松，生命的重荷负载过多，不妨低一低头，卸去那份多余的沉重。

人无完人，谁都难免犯错，面对自己的错误和不足，要学会"低头"。只有这样，我们才能正视自己的错误，从而改正并以此为鉴，使自己以后的生活少走弯路。

高中语文课本里有一篇《将相和》的文章：战国时期，赵国的上卿蔺相如，就是因为学会了"低头"，才会对老将廉颇的傲慢与轻视一再礼让甚至谦避。于是，老将廉颇深受感动，也学会了"低头"，他敢于去正视自己的错误，才会去向蔺相如"负荆请罪"，终于成就了一段千古佳话。

总而言之，这些故事告诉我们一个处世做人的道理：眼睛朝上、目空一切而从不懂得"低头"看路、不懂得弯腰的人，总会撞上挫折的"门框"而弄得头破血流，终有一天要摔跟头，给自己带来不必要的伤害甚至牺牲。总有一天你会知道，只有学会低头、懂得低头并且敢于低头的人，才能保护自己，一路平安，并最终走向成功。

智慧背囊：

楚王韩信曾经低头，忍受胯下之辱；蜀国刘备曾经低头，屈身恭请孔明出山；越王勾践曾经低头，卧薪尝胆。他们之所以低头，忍受奇耻大辱、屈尊俯首，就是他们在低头那一刻坚信，他们的头会高高扬起。

所以说，在成功的道路上，弯腰低头是一种理智，是一种追求的韧性，弱小的生命和事物为了避免过早地夭折和毁灭，不得不暂时放弃自己的欲望。有时候低头是一种追求的策略，一个追求更大成功的人，不能不忍受小的失败和牺牲。

快节奏的生活让现代人疲于奔命，人们越来越多地感到了沉重的压力，过于喧嚣和浮躁的现代社会，使许多人在这忙碌的世界上奔波，总是一往直前，毫不停留，就连吃饭，也是不知其味地匆匆填饱肚子，结果却是心累体衰，没有时间充分品味生活的美好和芬芳，最终留下生命的遗憾。终日忙碌的现代人该学会轻松地生活了。

减轻生命的负荷

漫长的人生道路，怎么会没有沟沟坎坎，面对生活中的困难，若是对自己过分苛刻，那么你的天空只会是灰暗、阴沉。以一颗平常心看待生活，减轻生命的负荷，你就能拥有轻松快乐的生活！

[面对诱惑，守护心灵的宁静]

现实生活中总是有着太多的诱惑，如果你不能以宁静的心灵去面对，就会感到心力交瘁或迷惘躁动。所以，懂得在恰当的时候做出让步，懂得适时地有所放弃，这正是人们获得内心平静的好方法。

在远离城市喧嚣的僻静处有一条老街，街上有一家铁匠铺，里面住着一位老铁匠。因为现代已没有人再需要打制铁器，于是，他便改卖铁制的生活用品，比如铁锅、锅铲等。

与别的商家不同的是，老铁匠还是很原始的经营方式。他坐在铁门内，货物摆在门外，不吆喝，不还价，晚上也不收摊。老人过着与世无争的悠闲生活，他手里常常拿着一个半导体收音机，身旁是一把紫砂壶。老人不在乎生意好坏，人老了，挣的钱够自己喝茶和吃饭就行了，他很满足。

有一天，一个经营古董的商人从这里经过，他不经意间看到老铁匠身边的紫砂壶，那把壶古朴雅致，紫黑如墨，颇有清代制壶名家戴振公的风格，他在世界上有"捏泥成金"的美名，据说他的作品现在仅存三件：一件在美国纽约州立博物馆里，一件在台湾故宫博物院，还有一件在泰国某位华侨手里。于是，商人走过去，拿起那把壶仔细端详起来。这把紫砂壶的壶嘴上果然有一记印章，还真是戴振公的！能在这个小巷子找到如此珍贵的古董，商人惊喜不已。

商人没有丝毫犹豫，他找到老铁匠，说愿意出10万元买下这把壶。老铁匠听到这个数字先是一惊，随后马上拒绝了，因为这把壶是他爷爷留下来的，他们祖孙三代打铁时都喝这把壶里的水，他们的汗也都来自这把壶。

壶虽然没有卖成，但商人走后，老铁匠有生以来第一次失眠了。他没有想到原本自己眼中的普通茶壶，竟然这么值钱，他的内心有些不平静了。商人的出价打破了老人平静的生活，原来他躺在椅子上喝水，都是闭着眼睛把壶放在小桌上，现在他总要坐起来再看一眼，这让他感觉心很累。尤其让他不能容忍的是，当周围的人知道他有一把价值连城的茶壶后，门槛都快被踏破了，有的问还有没有其他的宝贝，有的甚至开始向他借钱。还有更过分的，大晚上来推他的门。就这样，一把壶将老人的生活彻底搅乱了。

过了一段时间，商人再次带着20万元现金登门，老铁匠再也坐不住了。这一次他下了决心，他招来左右店铺的人和前后邻居，拿起一把斧头，当众把那把紫砂壶砸了个粉碎。

印度诗人泰戈尔说过："如果鸟儿的翅膀绑上了金子，那么它肯定飞不高。"物质、功利在现实中困扰着人们，使人们感觉很累，而更多的是心累。所以，果断放弃那些不属于自己的东西，不追求过多的物质，抛弃那些浮华和虚荣，欣然面对清贫，欣然面对平凡的日子，心灵自然会放松，就会享受到轻松生活的美妙和芬芳。

[想要轻松生活，该舍就要舍]

舍弃贪欲，可以轻装前进；舍弃贪欲，可以摆脱烦恼、摆脱纠缠，使整个身心沉浸到轻松、悠闲的宁静中去，去做自己要做的事，去做自己该做的事。舍弃该舍的贪欲，这样，会改善你的气质，会使你显得豁达豪爽，会使你赢得众人的信任，更会使你变得精明、理智，会使你的生活变得轻松。

一个周末的早晨，一位母亲正在厨房准备着早餐，4岁的儿子壮壮正自得其乐地在沙发上玩耍。这时，突然传来了孩子啼哭的声音，发生什么事了？母亲没有来得及将手抹干，就冲到客厅看孩子。

母亲跑过来一看，原来壮壮的手插进了放在茶几上的花樽里。花樽是上窄下阔的那种，他的手伸了进去，但抽不出来。母亲想了各种各样的办法，可都无法把儿子的手拿出来。母亲越来越着急，可她只稍微一用力，壮壮就痛得叫苦连天。实在没有办法了，母亲想了一个下策，就是将花樽打碎。不过，她还是稍微犹豫了一下，因为这个花樽是一件价值连城的古董。但利弊权衡之后，为了儿子的手能够拔出来，她还是忍痛将花樽打破了。尽管损失了古董花樽，但儿子平平安安。

现实中，人们常常会因为不舍得放弃而失去更重要的东西。面对诸多不可为之事，勇于放弃，是明智的选择。面对一些该舍弃的东西时，只有毫不犹豫地放弃，才能重新轻松投入新生活，才会有新的发现和转机。

飞速行驶的列车上，一位老人不小心将刚买的新鞋从窗口掉下去一只，周围的旅客无不为之惋惜，不料老人毅然把剩下的一只也扔了下去。众人大惑不解，老人却从容一笑："鞋无论多么昂贵，剩下一只对我来说就没有什么意义了。把它扔下去，就可能让拾到的人得到一双新鞋，说不定他还能穿呢。"

老人丢了一只鞋后，毅然丢下另一只鞋，这便是成熟而理智的表现。一般来说，人们总是飘飘然于拥有的喜悦，而凄然于失去的悲伤。老人却以从容的达观之态，超越于世人之上。的确，与其抱残守缺，不如舍去，或许会给别人带来幸福，同时也使自己的心情舒畅。老人这种舍得的做法令人顿生敬意，也值得我们深思。

智慧背囊：

在这个竞争激烈的现代社会，人们习惯了追赶，习惯了只争朝夕，总以为稍一懈怠，就会被对手赶超。可是，当人人都去拼命赶超的时候，往往失去了平和从容的心态，这两样东西就不那么容易兼得了。

其实，生活中每个人都躲不开压力、烦恼和忧虑，但只要我们学着豁达些、宽容些、从容些，轻松的生活就会与我们相伴。

不浮躁，
低调做人，
成就人生之道
———•———

③

　　人的一生中，最重要的两件事情就是做人和做事。做人是非常辛苦的，因为总是很难从躁动不安的情绪和欲望中稳定自己的心态。而做事同样棘手，在纷乱的矛盾和利益的交织中理出头绪需要更多的智慧。而最能促进自己、发展自己和成就自己的人生之道便是：大智若愚，低调做人，高调做事。

聪明难，糊涂更难。糊涂是历经世事沧桑后的成熟与从容；是人生大彻大悟之后的宁静心态；是饱经风霜、人生坎坷后的真谛；是心中有大目标，不被繁乱杂碎所累的一种智慧；是看破人性，看透事物，知人间百态，处事轻重缓急，举重若轻，四两拨千斤的一种谋略，一种美德；是名利淡泊，宁静致远、胸怀坦荡、洒脱不羁、包容万象的一种气度。

有一种处事原则叫糊涂，但不愚笨

糊涂是一种哲理：透过人生百态笑看人生浮沉，以镜自正，处事不惊。退一步难得一糊涂，进一步难得一糊涂，进退之中理顺条理，收发自如，糊涂处事，以己度人。糊涂之中有真知，糊涂之中显真理，糊涂得有大智慧，糊涂得有价值。

[智者装傻，贤者糊涂]

大智者必定爱装傻，古有贤臣心若明镜，却求糊涂处世；世有高官千金难买一糊涂，糊涂得有条理，糊涂得有境界。做人不但要当断自断，也要学会糊涂一时，聪明一世。

郑板桥不但会写好诗，而且还画得一手好画。他的人品也是万人敬仰，被当时称为清官。有一次他的衙门里来了两个人，一男一女，还没有等女的开口，男的就开始道来，说那女人为了贪图他家财富就几次诱骗他，女人很是气恼当即与他争辩了起来。

郑板桥认得两人，一个是十字坡的穷寡妇朱月姣，生得美貌，只是夫命不好新婚没几年就死了，但是她却吃苦耐劳，博得当地邻里好评。而那个男的就是他们镇上的富乡绅魏善仁，经常吃喝嫖赌，坏事干绝，不用说郑板桥都明白，魏善仁的阴谋诡计，可是办案不能以情判案，要有真凭实据。

郑板桥细想一番，随即判朱月姣有罪。朱月姣非常气愤，大骂郑板桥是个糊涂官，不明事理。郑板桥却不与她争辩，只是假装糊涂问这问那，最后逼的魏善仁也不能再编下去，一下子就把谎言揭穿。事实确凿，郑板桥大声判道，重打魏善仁五十大板，并且又说道："魏善仁为富不仁，亵渎孤孀朱月姣，罚银三十两，以补朱月姣名誉损失，若有延误，日增十两。"朱月姣看着刚刚还是糊涂的郑板桥，一下子明白了过来，并且说道："我错了，不该骂老爷是个糊涂官。"郑板桥哈哈大笑："济贫惩伪善，此案需奇判，若说我糊涂……"，朱月姣接口道："难得的糊涂官。"郑板桥突然有种顿悟，觉得人生即是如此，难得糊涂啊，就提笔写下一副对联挂于书房门前。

清清白白做人，

糊糊涂涂做官。

横联：难得糊涂

明白做人，糊涂处世，假己之糊涂呈清白之事，稀里糊涂中却不失机智，做事分明，处事有理，不与人较真，不与人争辩，就这样假装糊涂，清者自清，浊者自浊，做得亏心事必定心害怕，坦然之心无，又何得真自我，谎言早晚会被揭穿，不过是点头之间，所以有智慧的人无需费心与之争辩，假装糊涂与他周旋，自然真相大白。

糊涂处世并非真傻，而是一种机智，一种谋略，心中自有明镜在，何愁照不出真与伪。怕就怕那些面生虚伪笑，自以为聪明者，到死还不知，落得被人骂。

[懂糊涂者必得快乐]

糊涂者不愚，只是懂得取舍有度，不为小事所累；糊涂者不傻，只是深知淡然处世，不为恩怨所牵；糊涂者不笨，只是无欲无贪，海纳百川，不为尘事所染。糊涂是福，得糊涂者必处事有度，公私分明，得快乐之心。

著名画家拉伯先生，有一次被邀请去朋友法兰克家参加宴会，而坐在他旁边的一位张先生非常健谈，在笑声中张先生突然讲起了故事，有一句："三人行，必有我师焉"他说出自《圣经》。不在意的倒没有听出来，可是拉伯先生听了出来。

"你错了！"拉伯先生立即大声否定道，"这句话出自中国的《论语》！"

"是《圣经》"，那位先生明知有错，但是却为了面子据"理"力争。

后来两个人都转向了法兰克，请他评判，法兰克明知是拉伯先生正确，但是却装作不知，清了清嗓子，思考一会儿就糊涂地说："张先生是对的，的确是出自《圣经》"然后使劲踩了拉伯一脚。

拉伯非常生气，在场的人都知道他是对的，而法兰克，自己的好朋友却不帮助他，到是替外人说话，他非常生气，就再也不说话了，而那个健谈的张先生却得意洋洋起来，接着讲起了自己的笑话。

晚宴并没有因为拉伯而失去欢声笑语，大家很愉快，也都为此感谢法兰克的盛情，可是拉伯却坐着不说话。法兰克送走所有的朋友后就对他说："没错，你是对的，但是如果我说你对了，张先生就非常难堪，那么宴会上所有的客人都会失去吃饭的心情，你何不当作一个玩笑，随之而过，有必要那么较真吗？对与错在这个时候已经不重要了，重要的是心情。"

拉伯突然明白了，为什么法兰克要假装糊涂，是啊，真理不一定要非常明明白白地说出来，是真的就一定假不了，时间一定会给他证明，但是心情却因为此时的一句真理就会变得很尴尬，既然是为了好心情才走到一起，又何必去认真地计较那些无所谓的事情呢？包容别人的错误，还大家一份快乐不是更好吗？

难得一糊涂，不为琐事而偏走方向，深懂何事才重要，不去认真计较，不去明白做事，糊里糊涂，开开心心才是真。

智慧背囊：

世上本无事，何必自烦之。自己糊涂一点，给别人一种宽容，一种理解，那么自己的心情也会舒坦。有一种境界叫领悟，却不能言传；有一种精神叫宽容，但不纵容；有一种处事原则叫糊涂，但不愚笨。

自以为聪明的人常常会得不到好结果，聪明不是自以为是，聪明不是刚愎自用，聪明不是弄巧成拙。

自作聪明是愚蠢至极的行为

自作聪明是一种愚蠢。坐久了井底的青蛙，还能看到什么？你眼中别人的无能就是自己的不足，你眼中别人的愚笨就是你自己的可悲。大智若愚者笑看你的表演，真聪明者淡然你的得意洋洋，你的不屑与轻视会成为别人眼中的笑话。

[自负傲人者无知]

自负的人不讨人喜欢，因为这种人总以为自己知道的比别人多，很了不起，却道不出自己哪里优秀，每天都是指责别人这不对，那不好，自己却又做不出成绩来。他们并非一无是处，相反他们确实有过人的天赋，但是由于他们对自己不够了解，总以为自己有一点点的本事就是天下第一，看不起别人；他们只看到了自己的长处，却没有发现自己的短处，使得他们难以获得长足的进步与发展，甚至可能导致人生的惨败。

有个叫张强的律师，他的聪明早已被业界人士所知，而且他的成绩也是众所周知的，因此他总是看不起别人。有一天他买了一幢别墅，可他对这房子挑三拣四，总觉得很多地方设计得不合理，凭着自己的才能与能说会道的本领，写下长长几万字的建议书，从物业管理人员的工作作风与设计方案，到普通居民的不良行径与个人爱好，都提出了自己独到的意见，并且在小区全体业主大会上，他当众批评物业领导。

他的这一举动惹得众人大笑，会后都称他为"神经病"，见到就躲，而那些在这里工作的物业人员见了他也视为透明人。见到他的人都会一阵嘲笑，他为此弄得精神不济，上班无精打采，在处理案件时脑子里乱七八糟，一点法律水准都没有，不得已之下他只好离开这里，去往另一座城市发展了。

做人太过锋芒毕露是不好的，如果太过自负而不虚心求教别人，不尊重他人，就会受到别人的排挤与嘲讽。

刚大学毕业的小王来到一家文化传媒公司实习。有一次，由于在业务方面完成得十分出色，他的上司对他十分欣赏，他自以为自己高枕无忧了，处处开始挑剔，事事开始自以为是，见什么都觉得不够完善，上至单位领导，下至职工，他一一列举出存在的问题与弊端，并提出改进意见，弄得很多人看不惯他。

他自认为等自己实习结束后，公司会给他一次表扬大会，却没有想到接到分公司人事部的辞退通知，而且只有四个字作为结束语"锋芒太露"。

一个人即使有着比他人高的智商，也要懂得收敛，不然是很难在社会上生存的，因为社会是一个大团体，并不是以自我为中心的，如果你不能认清形势，摆不正自己的位置，当然会害了自己，得不到自己应得到的东西。

[无所不能者愚蠢]

当你这方面比别人强的时候，不代表你的另一方面也比别人好。人无完人，所有的人都有着自己的不足与优点，如果你不能认清这个现实，而是自以为自己无所不能，那么你就是极为愚蠢的，自认为什么事情都懂的人，结果往往弄巧成拙，狼狈不堪。

有一位年近八十的老人，他总以为自己活了这么多岁数，什么都懂，为了表示自己的学问高，他留了很长的白胡子，为此向朋友说："古代的文人或者大贤都有很长的胡须，而我也有。"

有一天，老人坐在家门口闭目养神，突然听到有一个人在叫他，他睁开眼睛，看到了聪明可爱的小朋友正笑眯眯地玩耍着他的胡子，他很生气地大声斥责道："小鬼，你在干什么，不知道胡子留这么长是很难的吗？没事一边玩去。"

小孩子看着他并没有生气，而是低着头深思道："老爷爷，我有个问题想不明白，您这么有学识，可是您知道自己的胡子晚上睡着的时候是放在被子里面还是放在被子外面呀？"

老人一听也愣住了，是啊，我陪着自己的胡子睡了这么多个日日夜夜，要是答不出来多丢人啊，他就回到家里拿起被子开始睡觉，可是他发现把胡子放在被子里边不舒服，又把它拿到外边，可还是感觉特难受，他不知道怎么办了，就再也睡不着了。

第二天他问那个小孩，自己睡着的时候胡子是在被子外边还是在里边？小孩子早已忘记了自己昨天的问题，看到老爷爷因为这么一个简单的问题而弄得夜里睡不着觉，他感到很好笑，然后就仰起头来说："大人都说老爷爷你才高八斗，而且无所不能，为什么这么简单的问题你就不懂呢？胡子放在什么地方，有必要考虑这么久吗？"

老人听了他的话很是惭愧，是啊，自己总以为什么都懂，到最后还不是要靠一个小孩子来解答这道题吗？而且这么简单的问题还是从自己身上发现的，后来他就将自己的胡子全部剪掉了，这样自己也不用为吃饭而发愁了。

如果你的确很有才华，但也不能说自己无所不能，因为你的才华并不代表在其他方面也很优秀。如果一个高智商者看不透这样一个简单的道理，那么他永远都站不到人生的巅峰去看待其他事物，活着又怎么会快乐呢？

[自作聪明者，自食其果]

日常生活有些"聪明"者却总以为自己可以解决任何一件事情，他们能把黑的煤球说成白的，能把白天看成黑夜，只因为他们有着与别人不一般的脑子，就总以为自己说的是最具有道理，最真实的。其实这种人最后的结果只能是自食其果。

从前，有一匹驴子。它驮着两袋盐，走啊！走啊！它感到自己很累。当它走到一条小河时，一不小心摔倒在河里。它马上站了起来，就在这时它感到自己身上的货物好像变轻了。好像跟没有驮什么东西似的，驴子就高高兴兴地往前走！于是在以后的几次驮货中，它总是在路过小河时跳进去。而这一切，直到有一次驴子驮棉花之时改变了。

这一次，驴子驮着两袋棉花。快快乐乐地走着，本来棉花很轻。但是此刻的驴子却感到很重。它飞快地走到河边，轰的一声跳进了河里。可是这一次驴子再也没有出来。此刻的驴子感到自己的背部很重、很重。它在想，我这次路过小河时，也像前几次那样跳进去，为什么我再也出不去呢？

其实我们的人生，就如同这头驴子一样。有时被现实压得喘不过气来，直到自己找到可以放松自己压力的方法。就不想再面对现实，却不知"自作聪明，将自食其果"而这也将断送我们的一生。

智慧背囊：

有些事情可以耍小聪明，但是有时候是不能的，如果你在某方面耍小聪明，除了惹得别人不喜欢你，不会收到好的结果。自作聪明的人不但会给自己带来伤害，还会伤害到周围的人，所以警告那些自作聪明的人，还是脚踏实地真实地走自己的人生之路，不要耍小聪明！

想做一个成功的人，不仅要有大智慧，也要有恒心，吃得苦中苦，方为人上人。什么叫退一步海阔天空，忍一时风平浪静，不为小事坏了大计？所谓大英雄能屈能伸，大丈夫大肚能容，凡事能忍。

学会忍耐，能得大福

忍耐是一种磨炼。若要修身务要懂忍，若要安身必知忍耐，若要众生和谐之祥瑞定要学会忍耐，忍耐是显身扬名的桥梁，是成就大业的利器，是成功之父，他让你在成功与失败中磨炼出一种大智、大勇。故忍耐是大福。

[一忍当百勇，功得圆满归]

小忍是福，福则不浅，其实现实中的很多事情，只要用心忍一忍，自然就过去了，不忍则易急火攻心，徒劳无功，反损身矣。

我们这里讲的忍，是一种等待，为图大业等待时机成熟，忍之有道。这种忍，不是性格软弱，忍气吞声、含泪度日，而是高明人的一种谋略，是为人处世的上上之策。

春秋战国时期，越王勾践国家弱小，面对吴王夫差大军压境，他心想："我不能就这么丢弃了我的国家和子民，我要活着，活着还有希望。"于是他下定决心打开城门迎吴王进城。

在吴王百万雄师面前，他低下了自己的头颅，跪倒在地，俯首称臣，吴王看着眼下如蝼蚁般的越王，心里有一种自得，为了这份自得他将越王变成养马夫，搬进柴房，可是越王还是不相信他，处处盯着他。

他知道如果想要得到吴王的信任，自己就必须忍耐，后来吴王生病了，医生说看病需看便，会更加准确地知道所得之病。

越王来到了宫殿里看着早已端在自己面前的粪便，他心里难受极了，但是他知道，这也是一次机会，一次能获取吴王信任的机会，为此他深吸一口气，装着极为忠诚的样子，尝得其粪味，以配合医生用药。以后每当吴王犯肠胃病时，勾践都亲口尝一下夫差的大便，吴王看到越王对自己如此忠诚，终于取得了夫差的宽容并让他回国。

越王回到自己的国家，开始体恤百姓，减免税赋，并和百姓同吃同住，用自己的真诚换取百姓的爱戴与信任。经过十多年的艰苦磨炼，终于杀得吴王百万雄兵溃不成军，实现了复国雪耻的抱负。

越王用自己的忍耐包容着一切，接受着一切，然后等待合适的时机，改变了一切，克服了一切，实现了自己的愿望，成就了自己的事业。他面对侮辱不惊不惧，从容不迫，用自己的大智与大慧，以一敌百，一忍得道，千人破雄师，赢得复国大业。

[为圆日后梦，忍耐方事成]

"尺蠖之曲，以求伸也；龙蛇之蛰，以求存也"，所谓打不过就不要硬撑，学得忍耐，等待时机；所谓君子报仇，十年不晚，不一定非要在自己技不如人的时候比拼，忍中见大智，忍中显真勇，忍中得成功。

有人曾说："对于暂时斗不过的人要忍，与其和狗争被咬伤，还不如放它先行，事后再说。"因为你现在杀不死它，反而被咬伤了，那又何苦？不如避其锋芒，脱离困境，然后另辟蹊径，重新占据主动时，再准备反扑。

汉朝开国皇帝刘邦，被称为一代明君，可是他在楚汉相争的时候，只是个常吃败仗的无能君王，因为他没有强势的军队，只是一些农民起义发展起来的士兵，没有经过严格的训练，在打仗时只会乱打乱拼，怎么会赢呢？

后来他觉得如果想要得到皇位，击垮那些比自己强的君王，最重要的是能忍，不怕时间早晚，就怕自己的盲目会带兄弟们走向灭亡，为此他周旋于各君王之中，笑脸相迎，从不敢得罪他们。

楚汉之时，由于刘邦力单人薄，所以楚王没把他放在眼里，但是刘邦门下却有个不听话但却很会打仗的臣子韩信，刘邦拉拢讨好韩信，几次加封夸赞，韩信很聪明，很不甘心只做一个臣子。

为此在刘邦被困之时，以立假齐王为条件不发兵，刘邦很是生气，正要破口大骂，突然封口不语，立即改为："男子汉大丈夫，做什么假齐王，要做就做真齐王"随后便封他为齐王。

韩信知道后很是高兴，就派兵去救刘邦，刘邦终得解困。后来刘邦在韩信面前步步忍让，退一步借得韩信兵，打得楚王败走河滩，自刎谢罪，刘邦在自己实力增大之后，举刀杀死罪臣韩信。

刘邦忍得一时之气，为了他远大的志向和抱负，放下了自己的尊严向自己的下属委曲求全，终于达成了自己的目的。

[忍，避免遭遇横祸]

自古云："小不忍则乱大谋。"能够忍辱是一种韬晦、涵养、胸襟开阔和目光长远的象征。在生活中，忍耐不是奉承，忍耐不是拍马屁，也不是为了那不必要的外界诱惑进而去出卖自己的自尊，去做不入流的坏事。

张耳和陈余是魏国的名士，秦国灭掉魏国后，张耳和陈余隐姓埋名来到了陈县，靠在街上给人看门为生。有一天，当地一小吏责打陈余，陈余想起身反抗，张耳暗暗踩了他一脚向他暗示，使他接受了责打。等小吏走后，张耳把陈余拉到桑树下对他说："以前我是怎么对你说的？今天受到一点小羞辱就忍受不了，难道想要死在这个小吏的手上吗？"陈余想想也是。没过多久，张耳和陈余就都做了公卿丞相。试想当初他们如果与小吏发生争执，可能就没有现在了。

人的一生要忍耐的事太多，但是却要知道什么该忍什么不该忍，要明辨是非，不是说有些事忍了就能得好结果，相反，如果你明知自己是错误的，还要为了这种错误一忍再忍，那么你就是可耻的、不道德的。

智慧背囊：

忍耐是福，忍耐是德，会忍耐者自有着宽大的胸襟，遇人不争，遇事不抢，从容面对，不管是生活还是事业，深知忍为大，因为忍耐是一种修养，也是德才兼备的必要条件。无论是在什么时候，我们都要学会忍耐，不管是做一个普通的人，还是叱咤风云的大人物，我们都要在征程中学会自保，学会忍耐。

争强好胜者和爱慕虚荣者好逞口舌之快。所谓沉默是金，大智者从不与人争论，聪明者从不与人狡辩。人有好口才并非是好事，闭口不言者必定会一鸣惊人，它是一种策略，是一种境界，是一种超越人间是非的豁达与彻悟。

口无遮拦系愚蠢之为

口舌之争者愚蠢。何谓对，何谓错，各有己见，你又何必去为此费舌，不得好处，反惹人讨厌；什么是好，什么是坏，自有定论，你又何必添油加醋，不得利益，反为可耻，最后落得千古骂名的下场。

[察言观色，莫逞口舌之快]

《孙子兵法》说："知彼知己，百战不殆。"这一著名的论断，不但适用于军事作战方面，更可以应用于日常的人际交往中。人际交往，其实是一场没有硝烟的战争，人与人之间的相互纠缠，往往是最折磨人的。因此，我们应该学会读懂身边的人，审时度势、摸透别人的心思，然后见机行事，做到"察人色，观局势，行明事"。

一个举人经过三科，又参加候选，得了一个山东某县县令的职位。第一次去拜见上司，想不出该说什么话。沉默了一会儿，忽然问道："大人尊姓？"这位上司很吃惊，勉强说了姓某。县令低头想了很久，说："大人的姓，百家姓中所没有。"上司更加惊异，说："我是旗人，贵县不知道吗？"县令又站起来，说："大人在哪一旗？"上司说："正红旗。"县令说："正黄旗最好，大人怎么不在正黄旗呢？"上司勃然大怒，问："贵县是哪一省的人？"县令说："广西。"上司说："广东最好，你为什么不在广东？"县令吃了一惊，这才发现上司满脸怒气，赶快走了出去。第二天，上司令他回去，任一私塾教书先生。

我们如能真的在交际中察言观色、随机应变，也是一种本领。察言观色不是讨好、谄媚，而是聪明下属应具备的素质。在人际交往中，对他人的言语、表情、手势、动作以及看似不经意的行为有较为敏锐细致的观察，是掌握对方意图的先决条件，测得风向才能使舵。例如上述故事中的这个人在和上司打交道时，如能察言观色，最后也不会当个私塾教书先生。

[认真考虑，莫要祸从口出]

说话不仅要懂得察言观色，在与他人交谈时还要知道什么话该说，什么话不该说。很多人由于没有认识到这一点，以为只要说好话，就会让别人喜欢，其实不然，如果你只说好话，那就让别人觉得你是一个不真诚的人，觉得你很虚伪。

有一天，曹操嫌工匠造的园门太宽了，就在门上写了一个"活"字。杨修一看，即明其意，竟不问曹操，擅自命人把门修窄。又有一天，曹操在一盒点心上写了"一盒酥"，杨修见了，便叫人把整盒酥吃了，曹操问他为何这样做，他答道："盒上写明一人一口酥，丞相之命怎敢违反？"

后曹操与诸葛亮交战，接连失利，退守斜谷。传令官问当夜口令时，曹操正在喝鸡汤，随口说了"鸡肋"二字，杨修便知曹操意欲撤军。曹操因此以扰乱军心的罪名将其斩首。

所以说为人处世，与人交谈时，当知谨慎，在与别人交谈时不要用言语伤人，不谈他人的短处，不谈他人是非，不谈长辈的曲直，要隐恶而扬善，才能不与别人结怨，不然就会祸从口出。做人要学金人三缄其口，庶免受削福之报，应戒慎之。

[冷静对待，冲动就是魔鬼]

冲动是一把利剑——行走在世上任何时候都必须冷静地面对一切！一时的冲动，不仅会害了别人，还可能害了自己。

为补贴家用，出生在农村的苏某初中毕业后就外出务工，然而不满18周岁的他却因一时冲动将别人打成伤残，被A市法院判处有期徒刑2年，缓刑3年。

苏某于1987年出生于M市N区某村，家境贫寒，初中毕业后便主动要求在外务工，以贴补家用。2008年8月30日，在M市一建筑公司务工的苏某在工地工作时，与工友叶某产生纠纷。苏某觉得自己吃了亏，当叶某再来时，苏某便手持弯管器上的加力杆，对叶某的腹部击打了数下，叶某当即倒地，经诊断为外伤性脾破裂，经鉴定，叶某属七级伤残。案发后，苏某主动到公安机关投案，并自愿赔偿叶某24000元。

法院在审理时认为，苏某行为已构成故意伤害罪，但考虑到苏某案发后到公安机关自首，且其犯罪时不满18周岁，依法从轻处罚，故而法院作出上述判决。

在社会高速发展的今天，生活压力不断增大，所以很多人做事容易冲动，殊不知，冲动是魔鬼！冷静下来，就会后悔。我想每个人都会后悔，可惜，后悔药是买不到的，唯有控制好自己的情绪，想想有什么事不能想开点、想远些，冲动的结果是害人害己。

智慧背囊：

逞口舌之快只会适得其反，做事功亏一篑，所以不管是做人还是做事，面对别人说话时要知道什么时候该说，什么时候不该说，而不是表现得比别人聪明一点，更不要口无遮拦地畅谈个没完，那样不仅不会得到别人的赞扬，反而会让别人对你产生一种厌恶感。

隐忍是一种策略，是做人做事的潜在规则，是社会生存之道。隐忍者是谋大事者必备的条件。隐忍是为了比别人更早看到希望，隐忍是为了保存实力，到关键时刻给别人来个措手不及，隐藏自己的真面目，忍耐中等待时机。吃得苦中苦，方为人上人。

隐忍是谋大事者必备的条件

隐忍如茶，自然而透彻，甜中生苦，苦中有甜，会喝的人能够在苦味中品出甜来，在甜中尝出苦来；不会喝的人只会为甜而乐，为苦而悲。隐忍者感恩逆境，警惕顺境。

［微笑待人，为自己赢得赞美］

微笑是人对生活的一种态度，与人的身份地位，贫富贵贱无关。微笑，是发自于内心而流露在脸上的善意表情，是每个人都会运用的一种表情。微笑是人与人之间最好的语言。

飞机起飞前，一位乘客要求空姐给他倒一杯水吃药。空姐很有礼貌地告诉他："等飞机进入平稳飞行后，我会立刻把水送来。"

15分钟后，飞机早已进入了平稳飞行的状态。突然，乘客服务铃响了起来。空姐意识到自己忘记给乘客倒水了！当空姐来到客舱，看见按响服务铃的果然是那位乘客。乘客质问空姐："怎么回事，有你这样服务的吗？"空姐面带微笑地道歉，又把水递给乘客。乘客余怒未消，无论空姐怎么解释，这位挑剔的乘客都不肯原谅她的疏忽。

在接下来的飞行途中，为了弥补自己的过失，每次给乘客服务的时候，空姐都会特地走到那位乘客面前，微笑着询问他是否需要什么帮助。

临到目的地前，乘客要求把留言本给他。很显然，他要投诉这名空姐。此时，空姐虽然很委屈，但仍不失职业道德，面带微笑地说："先生，请允许我再次向您表示真诚的歉意，无论您提出什么意见，我都将接受您的批评。"

等飞机安全降落，空姐以为这下完了，她打开留言本却发现，这是一封热情洋溢的表扬信。信中有这样一句话："在整个过程中，你表现出的真诚歉意，特别是你的第十二次微笑，深深地打动了我，你的服务质量很高！"

微笑可以缩短人们之间的距离，令人感到亲切、温暖。相信每个人都不愿意见到别人板着脸的样子。微笑是不需要分亲疏关系的，不管对自己熟悉的人，还是陌生人，我们都应该投以真诚、善意的微笑。微笑可以化解尴尬，也可以在瞬间缩短陌生人之间的距离。微笑是世界上最美丽的语言。

[感恩逆境，化悲痛为力量]

隐忍者感恩逆境。他们不会因为上帝的不公而难过，也不会因为屈辱与折磨而放手，他们有着远大的理想，为了实现理想，他们把这种环境当作一种动力，面对比自己强的对手保持冷静，在隐忍中渡过危难，在失败中迎接胜利。

汉初的张良，起初只是一个无所事事的年轻人，但是他志向远大，不愿意这样过一辈子。

张良离开家乡，到外地拜师求学。一天他来到下邳桥时遇到一个穿着粗布衣服的老人。老人把自己的鞋子丢进河里，冲着他大声说："小子，下去把鞋给我捡上来！"

张良没有因为刚才的拒绝感到生气，更没有为他这样对待自己而感到愤恨，而是笑呵呵地帮他捡起了鞋子。可是老人竟然又说道："给我把鞋穿上。"张良真的忍无可忍了，但是看他是个老人，不愿与他计较，就想："既然已捡了鞋，就好事做到底。"然后跪下来帮他穿上了鞋。

老人看到他这种遇辱能忍、自我克制的修养，于是笑着说道："你这个小伙子可以教导……"后来为张良传授《太公兵法》，使得张良终于成为一代良臣，张良衣锦回乡却并没有给那些曾经嘲讽他的人难堪，而是下马道谢。

张良懂得感恩逆境，在逆境面前他不但没有被吓倒，反而混出英名。他的成功告诉我们，真正能救自己的只有自己，不管处于什么样的环境下，只要有理想、有抱负，而且能够学会隐忍，就一定能够取得自己想要的东西。

智慧背囊：

在激烈的竞争中，当自己弱小的时候，深知自己不如人，如果还像个盲目者一样，无畏地往前冲，得到的只能是悲伤与后悔。只有隐忍自己的能力，默默地扩大自己的力量，加重自己对别人的分量，才能使自己立于不败之地。

做人要磊落，处世要糊涂。愚笨的人不会取舍，聪明的人不懂得取舍。大智者不要小聪明，放远目光，脚踏实地按计划进行；大智者不为外界所惑，拥有一颗平衡心；大智者不自私自利，宽容待人，知道怎样得人心。

外愚而内智，取舍有道

大智者临泰山而不倒，面黄泉而不惧，谈笑间有学问，举足中显真伪。他们才智高而不露锋芒，他们做人厚积薄发、宁静致远，他们对事大度开放，海纳百川，他们脚踏实地，知其可为其不可为，事上之悟，事事悟，时时醒，时时糊，外愚而内智，取舍有道。

[敞开胸怀，收获意外财富]

杰布拉疯狂地热爱着艺术，拼命地工作，拼命地节衣缩食，从伦勃朗、毕加索到其他著名画家的作品，他是应有尽有。

杰布拉漂亮的妻子因为难产早早地去世了，仅有一子。儿子长大后继承父业，成了一名收藏家，杰布拉对此感到十分欣慰。

当时时局动荡，国家突然卷入了一场战争，儿子也不得不去服兵役。战争很快结束了，儿子却没有回来。

儿子的死对杰布拉来说无疑是一个沉重的打击，他一下子苍老了许多。新年到了，他一点儿都不快乐，甚至连饭都懒得吃，因为他实在无法想象没有儿子的日子该怎么过？

这时，他听见有人敲门，门外站着一个年轻人。"杰布拉先生，也许您不认识我。我就是您儿子牺牲时救下的那个伤兵。"说到这儿，年轻人情绪开始变得激动，"我不是个有钱人，没有什么值钱的东西送给您，以感谢您儿子对我的救命之恩。我是您儿子的好朋友，我听他说过您爱好艺术，虽然我不是十分擅长画画，但我还是凭着记忆为他画了幅肖像，希望您收下。"

杰布拉接过包裹，一层一层慢慢打开，然后颤抖地走上楼，来到画室，取下了壁炉前毕加索的画，然后挂上儿子的肖像。杰布拉老泪纵横地对年轻人说："孩子，这是我一辈子最珍贵的收藏。对我来说，它是我的生命，它比我家任何一件作品都值钱！"年轻人陪伴杰布拉吃了饭，和他一起过了圣诞节，然后年轻人留下了一大堆感谢的话就走了。

一年后，不能承受丧子之痛的杰布拉去世了，他的收藏品都托付他的律师进行拍卖。拍卖会定于新年那天举行。很多官方和私人的收藏家纷纷从不同的地方赶来，他们急切地想在这场拍卖会上投标。

根据杰布拉的遗言，首先拍卖的是他儿子的画像。这幅画起价100美元，开始叫价了，竟然没有人投标。拍卖师的表情看起来很沮丧，因为紧张连声音都变得有些颤抖了，他问："难道在座的各位就没人愿意对这幅画进行投标？"

话音刚落，一个满脸沧桑的老人站起来说："先生，10美元行吗？这里所有人都知道，10美元是我的全部家当了。我是杰布拉的邻居，我很喜欢这个孩子，我是看着他长大的。说实话，我确实很想念他，我想买这幅画，10美元行吗？"拍卖师说："行。10美元，一次；10美元，两次，成交！"

这时，现场立即爆发出一阵欢呼，人们说："嘿，太棒了，现在终于可以拍卖那些名画了。"不过，他们听到拍卖师说："再次感谢各位的光临！很高兴各位能来参加这个拍卖会。今天的拍卖会到此结束！"现场所有人都一脸疑惑，甚至有点儿被激怒了："这是什么意思？你还要拍卖其他作品呢！"

于是，拍卖师将杰布拉的遗言说了出来："根据杰布拉的遗嘱，谁买了他儿子的画像，谁就是他所有收藏品的新主人。这就是底价！很抱歉，各位，拍卖会已经结束了。"

赠人玫瑰，手留余香。有位作家说过这样一句话："如果我们想要更多的玫瑰花，就必须种植更多的玫瑰树。"其实，生活原本就是平凡的，所谓的不平凡，就在于你怎样看待它，怎样对待它。如果你总是期待得到别人的付出而自己却不愿付出分毫，那么你终究什么也得不到。聪明而乐观的人对别人不会期许太多，因为他明白：你怎样对待别人，别人也会怎样对待你，要想走进别人的心灵，自己就要首先敞开胸怀。

［真人才会不露相］

大智若愚的人情绪稳定，更容易成功和获得快乐。相反，周瑜赔了夫人又折兵，王熙凤机关算尽反误了卿卿性命，由此看来，有小聪明而无大智慧的人不会永远得势，还可能导致心理健康受损，甚至送了性命。

春秋战国时期，有一位富家公子温如春幼时即好琴艺，长大了，自然也能露那么几手。

某次他到山西去旅游，在一座寺庙前看到一个闭目打坐的道人，道人旁有一布袋，袋口微露出古琴的一角儿，温如春大奇："这老道也会弹琴？"就上前大大咧咧地发问："请问道长可会弹琴？""略知一二，正想拜师。"道人微睁双目，语气十分谦恭。"那就让俺来弹弹吧。"温如春毫不客气地说。

道人把琴拿出，温如春立即盘腿席地而弹，先是随随便便地弄了一首，道人微微一笑，不着一语。温如春便又使出生平所学弹了一首，道人仍默然。温如春恼火了，生气地说："你怎么不吭声，是我弹得不好吗？""还可以吧，但不是我想拜的师傅。"这下，温如春可就沉不住气了，"哦，你倒是挺会弹的，不如让我见识一下。"

　　道人并不搭腔，只拿过琴来，轻抚几下，开始弹奏，其声如流水淙淙，又如晚风轻拂，温如春听得如痴如醉，连寺庙旁大树都停满了鸟儿。一曲终了许久，温如春方如梦初醒，立即向道人行起了大礼，拜请为师。

　　在人的一生中不外乎两件事：一件是做人，一件是做事。的确，做人之难，难以从躁动的情绪和欲望中稳定心态；成事之难，难以从纷乱的矛盾和利益的交织中理出头绪。而最能促进自己、发展自己和成就自己的人生之道便是：低调做人，高调做事。唯有此，则事必成！做人和做事往往都是相互联系的，只有彼此相互配合才能在人生道路上一步一步走下去。

智慧背囊：

　　樵夫日日砍柴归，歌传几十里，快活赛神仙；农民日日耕田，粗茶淡饭就满足，夜里摇扇把笑谈。他们没有聪明的脑子，他们不懂文化知识，但是他们却是大智若愚者，因为他们知道生活的真谛，他们懂得大智若愚之道。

不急躁，
深谋远虑，
宁静方能致远

——●——

④

　　生活中有些人做起事来毛手毛脚、心浮气躁，总是想一口气吃成个胖子、一锄头挖口井，做事情过于急躁。对于这样的表现更深层的原因很复杂，比如社会的竞争压力、快速的生活节奏等。的确，由于生活环境的影响，我们很容易被改变。当然，由坏向好转变，是令人鼓舞的，但如果正好相反，就有必要引起注意了。如果总是贪心求成、急功近利，不把事情弄清楚而贸然行事，那样就不好了。切忌贪念，贪念往往招致祸端，急功近利也会让你丢掉分寸，要么会将事情弄得更加糟糕，要么功败垂成。

面对生活中的很多事情，你所求的越多，往往失去的就越多。有的人认为拥有了权势和名誉就是拥有了完美的生活。殊不知，身在高处的人往往会遭遇高处不胜寒的境遇。事实上，永远都会有人比你的职位更高、权势更大，即便你再努力追求，但是力量总是有限的，你总是无法到达你想要的境界。而此时，你的欲望已经达到无法填满的地步。

所求越多，失去也越多

人生本不需要太多的金钱和太高的职位，钱是生不带来死不带去的东西，房子再豪华也只用一张床睡觉。不要贪心，该是你的东西始终都是你的。幸福与否其实并没有严格的界限，全在于人们用什么样的心态看待这个问题。只要能够坚强地活着，这本身就是很大的幸福。活着就会有希望，就会创造出属于自己的生活。很多时候，人们应该扪心自问到底在追求什么，人生在世到底是为了什么？

[贪婪招致迷失自我]

很多人总是不懂得满足，他们在贪婪中迷失了自己。他们追求太多不切实际的东西，无止境的贪婪最终会招致祸端，更有甚者，贪婪会毁灭一个人。

很久以前，有一个十分贫穷的人，他吃不饱穿不暖。他的家里什么都没有，甚至只能睡在地上。即便如此，他却十分吝啬，要是他偶尔得到两个馒头，看到一个和他一样的穷人快饿死了，他都不肯施舍给别人。哪怕那个馒头已经快要变质了。

他知道自己有这种毛病，但是他怎么都改不了。可是他每天都幻想着能够发财，他说："如果我拥有很多钱财，我一定不像现在这样吝啬，我一定十分慷慨。"

一个神仙听到了他的话，便想试探他一下。于是就给了他一个装钱的口袋，并对他说："这个袋子里有一个金币，当你从里面拿出来的时候里面还会有一个金币。但是你要是想花钱的话，只有把这个钱袋扔掉才可以花钱。"

穷人欣喜若狂，他不断地从袋子里拿金币出来，他一整个晚上都没有睡觉，他告诉自己："等到我拿出足够我下半辈子吃喝的钱了，我再把袋子扔掉。"他的房子里面到处都是金币，这些金币早就够他花了，但是当他考虑扔掉袋子的时候他又舍不得了。于是他就一直不停地往外拿金币。屋子里到处都是金币，可是他还是对自己说："我不能把袋子扔了，让我的钱再多一些吧，那样我就可以把袋子扔掉了。"

就这样，他不停地往外拿金币，直到最后，他虚弱的已经没有力气了，但他还是不肯把袋子扔掉。最后他终于死在了钱袋旁边。他身旁的金子已经堆成了一座小山。神仙出现了，看到这个情景，他摇了摇头，说："都是贪婪作祟啊。"

贪婪就如同杂草一般在人的心中滋长，贪婪的人总是渴求更多的东西，直到某一天受到严重打击的时候才会觉得一切都是徒劳的。杂草一旦在心中蔓延开来，就会一发不可收拾。人在一生中如果只是一味地想着自己没有的而不珍惜拥有的，又何尝会快乐，即便你拥有的再多，但是却不能让自己的心感到平静和宽容，那么你得到的东西对你来说又有什么意义？

[知足常乐，无欲则刚]

一个人如果无法在情感上得到放松，想要的东西越多，那么心中的压抑感也会越强。人们所追求的目标总是被经济社会的浪潮一再拔高，就像上面故事中的穷人一样，不停地追求更多的钱财，欲望变得无止境。永无止境的欲望让人们更加贪婪，更加不满足，心情也变得糟糕起来。

其实每个人都是独特的，何必要与别人相比。要知道：人比人，气死人。即使我们的某一方面比别人差，那么也应该学会从别的方面找到平衡。也许我们的另一方面比别人优秀，而更重要的是，要学会做好自己的事情。

贪婪会把人带向罪恶的深渊，让人失去理智。贪婪让人与人之间的关系变得险恶起来，让人与人之间相互欺诈，让最好的朋友反目成仇。在股票市场上，人的贪婪一览无余，人们往往赚了还想赚得更多，于是最终，贪婪让他们失去了全部。在生活中，人们应当学会克制自己的欲望，贪字头上一把刀，贪婪的人往往得不到好下场。

贪婪会让一个人失去自我，世人大都贪图享乐，殊不知最后会被享乐所吞没。人的一生要学会知足，只有这样才可以快乐地生活，如果贪得无厌只会让自己感到烦恼。贪婪与烦恼是成正比的。贪图一时的快乐是人的致命要害，禁受不住诱惑而身败名裂的人大有人在，为了能够平静地生活，我们应该拥有正确的得失观，不可因小失大。

知足常乐，无欲则刚就是这个道理，美好的生活应该用自己的双手去创造，而不是贪念别人所拥有的东西。不劳而获的东西取之容易用之难。无论做什么事情都要有个度，要懂得分寸。要懂得适可而止的道理，总想贪小便宜的人最终会失去很多。一个人如果过于贪财，失去的不仅仅是名声和金钱，甚至连本性都会迷失。

智慧背囊：

在我们身边不乏有这样的感受：一个原本让自己默默欣赏的友人或者志士，本来他们生活得自信而真诚，但是一旦他们的事业变得蒸蒸日上的时候，他们就会朝更高的目标攀登。而他们原先美好的品质都消失得无影无踪，终于有一天，他们从高处摔了下来，才发现一切都无法挽回了。贪婪成为每一个人必须跨越的生命障碍，所以人生在世，需懂得很多事情都需要放开。切忌贪婪，要懂得知足。

　　人之所以会痛苦，常常是因为各种各样的欲望。无欲无求的人往往会用平淡的心态来面对生活，他们不会因为别人比自己优秀，别人比自己有钱有权而感到内心不公平。人的欲望是一个无底洞，而这个"洞"很难填满，一旦填不满就会觉得痛苦。理想与现实之间总会产生矛盾，痛苦就这样产生了。相反，欲望越少的人越容易感到满足，他们对生活抱着感恩的心态，生活中往往得到的也比较多。在他们眼里，生活幸福才是最重要的。

控制欲望，不走极端

　　当人所追求的东西无法得到时，内心就会产生烦闷、忧虑和痛苦。痛苦来源于人的欲望，凡尘中的人都是无法避免的，很少有人能做到清心寡欲，能做到的人恐怕只有神仙、死人和看破红尘之人。经历过人生的起起落落之后，人才会明白富贵其实就是南柯一梦，生活中欲望越少反而越幸福。

[放下欲望，寻找心灵的平衡点]

　　当理想和现实发生矛盾的时候，当人的欲望得不到满足甚至遭受压抑的时候，就会出现不同追求幸福的人。有的人选择了努力争取，明知不可为而为之，结果弄得身疲力竭，狼狈不堪；另一种人选择了回避，他们在生活的暗处独自忍受着生活所带来的创伤，这种人生活也不会幸福；还有一种人选择放下欲望，知足常乐，这种人总能找到自己心灵的平衡点，他们并不积极争取生活中跟风的东西，他们也不消极地面对生活。用知足的心态去面对生活中的种种困境，顺其自然，这种人才是最幸福的。

有一次，柏拉图想知道爱情到底是什么，就去问他的老师苏格拉底。老师叫他到麦田去，摘一颗他认为是最大最金黄的麦穗。但是他只能摘一次，并且不能回头，要一直走到尽头，然后把麦穗带回来。

柏拉图便照着老师的话去了麦田。但是最后，他什么也没有摘到就出来了。老师问他原因。他说："因为我只能摘一次，并且不能回头，即使我看见一颗长得又大又金黄的麦穗，但是我想着前面还会有更好的麦穗，我就没有摘。但是走到前面我又发现没有刚才的麦穗好。原来麦田里最大最金黄的麦穗我已经错过了，所以我什么也没有摘到。"

于是苏格拉底告诉他，这就是爱情。后来柏拉图又问老师什么是婚姻，老师便叫他去树林中砍一棵最好看的松树回来做圣诞树。有了上次的经验之后，柏拉图很快回来了，但只带回来一棵非常普通的松树。枝叶不算茂盛，树干也并不强壮，只能勉强凑合。老师又问他原因。他说："有了上一次的经验之后，我走到大半路还是两手空空，于是我就把一棵看起来还算差不多的树砍了回来。这样我就不会错过什么，也不会弄到最后两手空空。"老师笑着说："这就是婚姻。"

人的一生中爱情和婚姻都是如此，而生活又何尝不是这样呢？人的欲望总是无法满足的，当我们不再抱怨自己为何会有那么多的欲望的时候，我们就找到了生存的基础。顺其自然地释放人的天性是必要的解放，并且能够缓解人们面对生活的压力。所以，当很多东西我们无法得到的时候我们应该减少自己的欲望，让生活变得更加美好起来。欲望越少，则越容易拥有幸福。

欲望也是人类生存的基础，没有欲望的人也就失去了生存的依据，但是欲望多了又会让我们陷入一个无法自拔的境地，而且欲望的多寡我们并不能很好地控制。但是当我们在顺着欲望的河流往前走的时候，我们要知道自己的欲望不能超出社会道德规范和法律的边缘。很多东西是我们无法得到的，有些欲望是我们无法实现的。只有看破了这其中的一切，才能够拥有平静的生活，才会在生活中获得快乐。

[幸福与欲望成反比]

欲望能让原本是好友的两人因为某个东西或某件事而互相撕破脸，让祝福变成诅咒，让原本可以双赢的事情变得不可收拾。幸福与欲望是成反比的，欲望越多的人越难得到幸福，欲望少的人最幸福。人类所要求的终极目标就是能够获得人生的幸福，但是很多人每天都忙忙碌碌地活着，被自己心中所涌出的种种欲望所迷惑，给自己套上了紧紧的枷锁，忘记了人的一生到底是在追求什么。

有一个外国商人，他坐船到了西班牙海边的一个渔村，他在码头上看见一个西班牙渔夫从海里划着一艘小船靠岸。船上有好几尾大鱼。外国商人对渔夫能抓到这么多的大鱼表示赞叹。然后问他："您每天要花多少时间就可以抓到这么多鱼？"渔夫说："一会儿工夫就抓到了。我不用费多大力气。"

商人说："为什么你不再多抓一会儿，这样你就可以抓到更多的鱼了。"西班牙渔夫觉得不以为然，他说："这些鱼已经够我一家人一天的生活了，我为什么要抓那么多呢？"商人又问："那么你只是花一小会儿的时间抓这些鱼，剩下的时间你怎么打发呢？"渔夫说："我每天的事情很多啊，我睡到自然醒，然后出海抓几条鱼，回去和孩子们玩一玩，再睡个午觉。黄昏的时候到村子里找几个朋友喝点酒，再弹会儿吉他。这日子也很充实。"

商人听后摇了摇头，并且帮他出主意："我可是美国著名大学的博士，我给你出一个主意你可以挣大钱。你应该多花一些时间去抓鱼，然后攒钱买条大些的船。到时候你就可以抓更多的鱼，再买渔船，到时候你就可以拥有一个渔船队。你直接把鱼卖给工厂，这样可以挣更多的钱。然后你还可以开一家罐头厂。这样你就可以离开渔村，到城市里去做有钱人。"

渔夫问："我要达到这些目标需要花多少年的时间呢？"

商人说："大概十五年到二十年。"

"然后呢？"

商人说："然后？然后你就会更加有钱，你可以挣好几个亿呢！"

"再然后呢？"

商人说："那你就可以退休了，你可以搬到海边的小渔村去住，享受清新的空气，每天睡到自然醒，然后出海抓几条鱼，回去和孩子们玩一玩，再睡个午觉。黄昏的时候到村子里找几个朋友喝点酒，再弹会儿吉他。"

渔夫听完，非常不解，他说："难道我现在的生活不就是这个样子吗？那为什么我还要花那么多的时间去折腾呢？"

商人无话可说。

其实人生所追求的不外乎如此，如果你已经感到十分幸福了，那么何必还要去奢求那些不切实际的妄想，常常心存感激地生活就会感到快乐，放下自己的欲望，心中才会充满幸福。幸福并不是你获得的越多越好，而是要拥有健康平和的心态，懂得知足，少一些欲望。

智慧背囊：

人类的私欲是人的天敌，人总是在渴求快乐与财富，但是财富拥有了，快乐却没有了，关键是看你怎样取舍。有的事物会给人带来快乐，而有的事物却给人带来痛苦，除非我们能够控制自己的欲望，否则事情总是朝着极端的方向发展。欲望是无止境的，它能让人变得更加贪婪更加无法满足，而要想获得平静和快乐，就要学着放下，学着减少自己的欲望，这样才会获得幸福。

　　人在失落的时候总是容易自卑，人在得志的时候总是容易浮躁。浮躁的时候会因为兴奋而失去应该有的判断力，被眼前的短暂成功而蒙蔽，或者因为急功近利而做出很多非常理的事情。人是很容易受到感情左右的动物，往往会因为环境和氛围的变化而引起心理的微妙变化。凡是把某件事情看得过重的人都容易浮躁。当意识到自己浮躁的时候，最好的办法就是让自己冷静下来。在为人处世中，浮躁是一大忌讳。因为浮躁会让事情变得糟糕，让好事变成坏事。

学会耐心和等待，世上无一步登天之事

　　浮躁就是做起事情来没有恒心，心绪不宁，脾气非常大，忧虑感十分强烈。在我们的心灵深处，浮躁总是让我们感到茫然不安，让我们无法宁静。浮躁是成功和幸福的最大敌人。浮躁是造成各种心理疾病的根源。它的表现形式呈现多样性，并且已经渗透到我们的日常生活中来。人们经常是没有耐心认真完成一件事情就投入到另外一件事情当中去了，对于新鲜事物也是如此，常常是这山望着那山高，贪得无厌，到最后只落得一事无成，并且感到身心疲惫。

[心浮气躁则马失前蹄]

　　浮躁的人不但学习不好，甚至任何事情都做不好，遇到一点事情就开始心浮气躁，这样的人在人际关系中也不见得会有好的收获。浮躁的人做起事情来太过于表面化，轻浮并且变化快。很多不幸的发生往往都是因为在最后关头沉不住气，人的心总是不能停留在一个地方，注意力总是跟着事件的发生而移动，这样就会导致结果变得糟糕。

世界台球冠军争夺战正在如火如荼地进行中。路易斯·福克斯的得分遥遥领先对手，他只要再加把劲，冠军就成了囊中之物。观众都在屏气凝神地等待他下一次击球，因为这一击将决定他的冠军之路。

突然，一件让人意想不到的事情发生了，谁都没有注意，一只苍蝇鸣叫着飞到了主球上。路易斯下意识地挥手赶走苍蝇，但是当他准备好情绪去击球的时候苍蝇又飞了过来。他再一次驱赶苍蝇。但是苍蝇好像是故意在和他作对，飞来飞去就是不肯离开，甚至还围绕着他转圈。苍蝇又落在了主球上，他就一再用手挥赶。这样的动作引得观众哈哈大笑。

路易斯生气了，他的情绪波动了，他终于再也忍不住了，他失去了理智，他愤怒地用球杆去击打苍蝇。但是球杆怎么可能碰得到苍蝇呢？一个不小心，他的球杆碰到了球，裁判判他犯规，他失去了一次机会。更加令人感到遗憾的是，这时的路易斯方寸大乱，他开始心浮气躁，连连失利，他再也无法打出完美的球来。而触手可及的冠军就这样眼睁睁看着被别人拿走了。

比赛完毕后的路易斯实在是难以接受自己被一只小小的苍蝇打败，这对他来说是一个耻辱。他当天夜里喝了很多酒，第二天，人们在一条河里发现了他的尸体。这位所向无敌的世界冠军投河自尽了。

这件事情听起来十分不可思议，这原本是一件不应该发生的事情，倘若路易斯能够一心专注打球的话，一只苍蝇又怎么会影响到他，即便是一只鸟儿落在球上也不会干扰他。因为他的眼里将只会看到球。再说了，当白色的主球开始滚动的时候，那只苍蝇肯定不会傻到还在球上不动，它肯定早就飞走了。这样，又怎么会影响路易斯的比赛呢。所以，路易斯是输给了自己，输给了自己心中的苍蝇，也就是浮躁。

生活中也经常可见这些"苍蝇"，很多人会为琐碎的生活小事而耿耿于怀，很多人为了对付一些没有来由的闲言碎语而中止了自己正在做的事情。这些人都与路易斯没什么两样，他们都是为了驱赶自己心中的浮躁而弄得满盘皆输。

［浮躁者难成大事］

有句话叫"非淡泊无以明志，非宁静无以致远"。心浮气躁的人往往只看到眼前利益，不懂得怎样才会获得更加远大的目标。因为浮躁，人就像无处藏身的螃蟹，若想攀登一座高山，就非得要有沉着冷静的心态，这样才可以得到"一览众山小"的快慰。因此，无论我们在做什么都要心静如水，切忌浮躁，只有这样，才能获得成功的机会，才能抓住稍纵即逝的机会。

不能刚刚种下了种子就心急火燎地等待大丰收，刚唱了几首歌就觉得自己马上就可以成为大红大紫的明星。很多人恨不得一步跨上成功的奖台，很多人都期待一笔就可以写出著名的文章，很多大学生刚毕业就想着要当上大公司的总裁。殊不知这样的心理更会让你无法安于现状，总是好高骛远，心浮气躁，甚至会断送你应有的机会。

浮躁的人不想当绿叶，只想当红花，耐不住寂寞。浮躁的后果是如同一只永远也飞不高的鸟，一棵永远也长不大的树。浮躁的人难当大任，成功离他们要远得多。

就像这样一个生活中的小故事一样。有一个人情绪浮躁，做起事情来风风火火的，他刚到公司上班的时候特别害怕迟到，于是每天都起得很早。但是因为这个写字楼的人实在是太多了，电梯每天早上都要等上十几二十分钟。有一次这个人起晚了，他一看时间马上就要来不及了，于是就风风火火地一路狂奔。到了公司他才发现电梯前已经人满为患了，这下把他急坏了。他等了十分钟还是没能坐上电梯。

他实在是等不了了，再等几分钟他就要迟到了。于是他咬咬牙，冲上了楼梯，他一口气跑了上去，终于跑到了十五层，这时他看了看手表还有两分钟时间。他终于松了口气，可是当他走到楼梯口的时候突然感到山崩地裂，楼梯口的大门临时检修，暂时被锁起来了！

很多人看到上面的故事恐怕都是一笑而过，但是这个故事却不得不让人深思。倘若这个人不是那么着急的话他也不会遇到这种情况，也许他再等上一两分钟电梯就来了。他自作聪明地爬楼梯，哪知道碰到这种情况，生活就是这样，它总会有难以预计的事情发生。浮躁的人往往急功近利，急于求成，而这样的心态更是很难得到好的结果。就像乘电梯的人一样，到了最后他还是要面对迟到，并且他身体的劳累更让他感到这一天都没有精神。

生活中有太多的人因为无法解决的因素而阻碍着自己的成功。浮躁作为一种轻浮急躁的情绪归根到底是由内心的烦躁不安引起的，这种危害是不可低估的。

智慧背囊：

人们总说饭要一口一口地吃，要先学会走路再学会跑。但是面对日新月异飞速发展的今天，很多人都没有了耐心和等待，他们一味地追求效率和成功，追求一夜成名等不切实际的事情。结果当然是显而易见的，最终一事无成，被人们遗忘。生活中切忌浮躁，一步登天的事情不可取，要善于在生活中把握自己，做到冷静沉着，这样才会有更多的机会。

很多时候人们都会认为只有轰轰烈烈的一生才会显现出人生的辉煌。只有不同凡响的一生才会活得有价值。因为有了这种心态，在生活中就会使出全身解数去追求看似辉煌和成功的人生。得到了，成功了，固然会欣喜，若是得不到就会垂头丧气。甚至从此以后浑浑噩噩虚度人生。其实，当我们静下心来的时候，就会感慨辉煌只属于一时并不代表着永远。最终回归的还是平淡，而在平淡中才能更加珍惜人情中的温暖，才能有心情去回味幸福的时光。平淡才是真正的生活。

辉煌有时，平淡是真

平淡是真，说起来容易，做起来却很难。不知从什么时候开始，面对大千世界，我们开始为自己的才华得不到施展而暗自伤神，总是觉得自己和成功离得太远。这样不免就自怨自艾起来。每个人要坦坦然然地看生活，平平淡淡地过日子，这样活着才不累，这样活着才不烦，这样活着才"美丽"。

[平淡生活才是真]

拥有平淡，才会使我们拥有一颗平常心，这样我们就不会为功名利禄而伤透脑筋，不会因为情感上的困顿而一蹶不振，更不会因为失望就丧失了前进的信心。平淡会让我们真正享受到生活的乐趣。拥有平淡，我们才能找到生命赋予生活的价值。

他以优异的成绩从学校毕业，大学时光对他来说可以用辉煌两个字来形容。他参加各种文体活动，并写一手好文章。他的毕业论文答辩赢得全体师生的一片掌声。他的性格注定了他不会安于一份平淡的生活。很多同学都以为他会有一个辉煌的前程，但他最终还是被命运安排到家乡的那座山旮旯里当了一名山村教师。

年轻人的棱角与这座大山发生了不可避免的抵触。发誓永不分离的女友看着他调往省城无望地离他而去。他的心情糟透了。尽管在这座宁静的大山里可以让人安静下来，拥有平淡的生活，但是他那颗不安躁动的心实在是稳定不下来。他一直想走出去寻找自己理想的归宿。一个学年之后，他利用漫长的暑假，去了深圳，那个繁华的大城市。

他的一个哥们儿在一家大公司混得不错，在哥们儿的引荐下，他也加入了公司。他的才华得到了很好的展示，他和哥们儿经常出入高档场所，俨然一个成功人士。他在这里尽情地享受着生活，他干脆办了个停薪留职的手续，他要在这座城市里和哥们儿一起打拼天下。

他的哥们儿和他一样有激情，但是年轻人共有的浮躁、轻率、不计后果也在他们身上一览无余。他的哥们儿在和老板的小舅子争夺女友，最终双方大打出手。他的哥们儿把人打残之后逃走，结果他留在那里处理没完没了的问题。尽管这件事与他无关，但是老板还是凡事都针对他。最后他只能辞职了。

他又开始找工作，但是很少有公司愿意聘用一个没有实际业务能力的人。况且，太小的公司他又不想去。后来他的哥们儿又在北方的一座城市发财了，又把他叫了过去。哥们儿在那里和一个老板合伙开了个煤窑，效益很好。他到那里负责安全生产管理。工资很高，但是他看到了工人劳动的艰辛，还有生命的脆弱。老板简直不把那些工人当人看，经常有事故发生，但是老板都用各种手段隐瞒了。哥们儿说只要花钱就能买"平安"。他说你难道就不能把钱花在建造安全设施上吗？哥们儿竟说那不值得。

最后还是发生了一次大矿难，死了很多人。老板跑了，他的哥们儿被抓进了监狱，他也受到了牵连。后来他把所有的积蓄都花尽，只好离开。

此后，他辗转到很多大城市，他在继续寻找他的理想，但是都没能如愿。他甚至为了生存当过建筑工地的民工，他卖过汽水、捡过垃圾，甚至在实在无奈的情况下还当过两次乞丐。但是他每一次给家中父母打电话的时候都兴高采烈地向父母吹嘘自己过的有多么好。

直到有一天，他接到父亲的电话："儿子，我们知道你过得不易，回来吧，回来重新开始。我们不会责怪你。"他终于泪流满面，他终究离不开父母对自己的牵挂。他到哥们儿服刑的监狱最后一次看望他，发现哥们儿老了很多，哥们儿还要继续在监狱里呆上15年，人生中最宝贵的15年就要在这里度过了。哥们儿对他说："回去吧，过上平淡的生活，别再折腾了，平淡的生活也是一种福分。"

由于他离职太久，再也无法回到学校。但是他终于看开了，他的心开始安静下来，他回到父母的身边和父母一起在田间劳作。他感到生活很踏实，不像他在外漂流时的那种心慌。闲暇的时候他拾起心爱的书本，认真地复习。学校招考老师，他义无反顾地报了名，他又顺利地做了一名老师。但是还是被分配到一个远离家乡的穷山村里。他不再埋怨。他非常珍惜这个机会。他认真地教课，他的教学成绩很优秀。他经常在报纸上发表文章，呼吁山村教育，或者抒发自己的人生得失。后来，他成了某家知名教育报的特邀作者。

时间就这样过去了，他已经进入不惑之年，他身边的朋友有的高官厚禄，有的腰缠万贯，但是也有的身败名裂，而他，只是发表的文稿又增高了几尺，他已经成了全国的优秀教师。他的同学和朋友都说活得很累，但是他却活得有滋有味，那天他去看望那个拥有别墅和私家车的同学，同学在一次开车中出了意外，再也无法站起来。这个曾经意气风发的人却说只要能再次站起来，他可以什么都不要。他的另一位同学是位局长，声称在酒桌上非茅台不喝，结果饮酒过度而撒手归西。平时忙得连睡觉的时间都没有的同学，读了他写的散文说："真想像你那样，躺下来看看天，看看云啊！"

"行到云水处，坐看云起时"，平淡而不平庸，繁忙而不繁杂，这样的生活从容而真实。人的价值不在于你是否拥有显赫的地位，不在于你是否拥有万贯家财，而是在于你是否感到自己所做的事情对社会有价值。当我们真正拥有一颗平常心的时候，我们才会把所有的心思投入到生活中去，没有了功名利禄的争夺，生活也变得快乐起来。

[平淡的爱情才甜蜜]

有一对中年夫妇，是朝九晚五的上班一族。每天早上，先生都扛着自行车下楼，妻子拿着包，一手拿一个男式公文包，一手挎个女式包。走出楼梯口以后，先生放定了自行车，接过妻子手中的两个包，把它们放在车筐里，然后再仔细地调试一下车铃、刹车；再回头让妻子在车后座坐稳了，最后才跨上车用力一蹬，车子载着他们平稳地向前驶去。

先生从来都不会忘记回过头关照一下他的妻子，只见妻子如小公主一般幸福地坐在车后座上，双手优雅地搂着丈夫的腰，脸上洋溢着满足。先生举手投足间则透着对妻子的关爱，而妻子满脸的幸福也是对丈夫最好的报答。

几十年来，无数个朝朝暮暮，他们都是这么平静地生活着。岁月在他们脸上毫不留情地留下了皱纹，然而他们的心却依然年轻，仿佛还是热恋中的少男少女。骑着自行车的丈夫对妻子的爱虽然谈不上奢侈，但却是最朴实、最真切、最贴心的，它细微而持久，有如三月春雨沥沥地轻洒在妻子的心田。

这就是地老天荒的爱情，不必刻意追求什么轰轰烈烈的感觉；生活的点滴之中，就有一种"执子之手，与子偕老"的默契。细水长流的爱情，像春风拂过，轻轻柔柔，一派和煦，让人沉醉入迷。

智慧背囊：

生活中保持一颗平常心，在平淡中思索，在平淡中努力，在平淡中做自己应该做的事情和想做的事情。只要认为自己做的是对的、是对他人有利的，就要努力去做。不要计较得失，那么你就能获得快乐。人生中拥有平淡，也就拥有了快乐的人生。

在付出与回报的天平上总会出现不尽如人意的误差，于是人们在苦苦追寻之后最终换来的是一身疲惫。挥洒的汗水总是换不来期待中的收获。这一切在人生中总是不可避免的。绝对的公平是不存在的，当生活让你哭笑不得的时候你不应该太过于抱怨，舍弃心里的怨恨才会活得轻松，才会看淡生活中的不公平。舍弃内心的怨恨同时也是对自己的宽容，放开了心胸，任何事情都会朝着好的方向发展。

舍弃怨恨，释放心胸

在我们周围经常会遇到这样的人，他们会因为一时的不顺而常年生活在自己营造的阴影之中怨天尤人。他们开始形成对社会、对家庭、对同事、对朋友的怨恨，他们说起话来口无遮拦。他们总是恶语伤人，常常在聚会上弄得大家都扫兴而归。人为什么要沉沦于痛苦的回味之中而无法释怀呢？这种人其实很傻，因为他们放不下心中的怨恨，便一直活在痛苦之中。何不换一种心情，换一种方式去生活？

[舍弃怨恨，拥有平静的生活]

人生中的是与非、爱与恨早已经成了定局，随着岁月的流逝也应该学着淡忘，又何必总是留恋过去的破碎而忽略了现在的美好呢？不能舍弃自己内心怨恨的人是无法拥有更好的生活的，放下心里的怨恨就是对自己的宽容。舍弃怨恨，与快乐结伴，这样才会拥有平静的生活。否则，糟糕的心态同样会影响到身边的人的心情。

人的一生中会遇到许多不如意的事情，只不过是程度不同罢了。关键是看你怎么面对，遇到变故千万不可怨天尤人。自己酿的苦酒要自己去品尝，遇到悲伤也要学会坚强，既然不能改变既定事实，为何不学着尝试改变一下自己的心态。将那些心里的怨恨都舍弃掉，对自己宽容一些，尽管这需要勇气和理智，但只要做到了就是对自己的解脱。

一对夫妇结婚11年后，才得一子，夫妻俩自然视孩子为掌上明珠，对孩子细心照料。孩子长到两岁的时候，有一天，丈夫赶时间去上班。临出门的时候他看到桌子上有一瓶药水开着盖子放在那里。他随口对妻子说要把药瓶收好，随后他就关上门走了。

妻子在厨房忙得团团转，她要为孩子准备吃的，又要打扫房间，没有把丈夫说的话放在心上。她喂过孩子之后，就开始忙碌着收拾屋子。这时，孩子在屋子里走来走去，他一下子看见桌子上有一个好看的瓶子，他觉得很好奇，并且被药水的颜色吸引。于是就一饮而尽。

药水的成分十分厉害，孩子当场不省人事。妻子吓坏了，赶紧送往医院。但是医生诊断后说孩子服药过量，已经无药可救。妻子被事实吓呆了，她不知道该如何面对丈夫，她好像是呆住了。坐在孩子的尸体前一动也不动。

丈夫赶到医院，得知噩耗之后十分伤心，他走到孩子的面前，看着孩子平静的面容，他望了妻子一眼，然后说了一句话："我爱你，老婆。"

妻子听了这句话，猛地惊醒过来，她看着丈夫，然后扑到他怀里号啕大哭。丈夫紧紧抱着妻子，安慰她："一切都会过去的，不要担心。"

因为孩子的死已经成了事实，再吵再骂也不会改变事实，只会让夫妻俩更加伤心，妻子已经足够自责，若是丈夫再责怪的话恐怕妻子会承受不住。况且不止是丈夫失去了孩子，妻子也失去了孩子。若是丈夫一味放不下心中的怨恨，到头来连妻子也会失去。同一件不幸的事情可以让人怨天尤人，深深自责，但是也可以让事情朝着好的方面改变。如果你能够舍弃心中的怨恨，就可以改变你日后的生活，相比于带着疤痕生活下去，倒不如让自己解脱。

舍弃怨恨，勇敢地活下去。事情的境况并不像想象的那么糟糕，事情是可以由人控制的，关键在于你是否愿意让自己变得宽容。就如同丈夫的一句话，是那么简单，但是要经过多少挣扎、多大的包容和舍弃才能够说出那样的话。妻子纵使再绝望也会感到释怀吧，因为被原谅、被理解，更因为被宽容。

[舍弃怨恨，拥有一份宽慰]

每个人都会遇到难以释怀的事情，关键是自己选择了什么样的方式去面对。选择舍弃内心的怨恨，那就选择了解脱。学会舍弃怨恨，也就学会了宽容。宽容就是一剂润滑剂，它可以化解人世间许多的不平和磨难，它能缩短人与人之间的距离。不再怨恨的心就能够更好地接纳世界上的一切事情，就能给自己一份宽慰。生活将变得轻松起来，世间也将多一份美好。

一家公司董事长正在因为一个错误而责骂公司经理。因为正在气头上，所以他的话非常难听。经理一整天心情都非常糟糕，他也变得更加易怒起来，本来他想晚上回家给妻子买一个小礼物的，但是他的心情非常差。他回到家里，只是因为妻子今天多做了些菜，他就大声说妻子浪费。这本来是让人高兴的事情，妻子多做些菜是想让他补补身子，但是他竟然这样反应。

妻子也十分愤怒，觉得自己一片好心被糟蹋。刚好看见儿子慢腾腾地走到桌子旁，又慢腾腾地拿起筷子。她一生气，开始对儿子大声训斥，说儿子做起事情来慢腾腾的，没有一点男子汉的气概。儿子也非常生气，没有来由地遭到责骂，弄得他连晚饭也不想吃。好好的一桌子菜竟然没有人吃，整个屋子都笼罩在一片阴郁中。这时，保姆一不小心打碎了一个碟子。儿子看见了，就把怒气都发到保姆身上。

本来保姆平时很喜欢这个孩子，而儿子也一直很尊重保姆。但这样一来，两人陷入僵局。因为看到女主人走了过来，保姆也不好发作。保姆生气地将碟子扔了出去，结果伤了一位正好路过的妇女。妇女哭闹一番之后就赶紧到医院去治疗，她对护士大声呵斥，因为护士上药的时候弄疼了她。

护士也十分生气，她带着怒气回到家里。她开始对自己的母亲抱怨，说饭菜不合胃口。母亲没有生气，只是温和地对她说："孩子，我明天一定做你合口的饭菜。你累了一天了，赶快吃了饭休息吧。我今天给你买了条新床单换上了。"护士的心里一下子平静了，她不再生气，而且发现饭菜其实很好吃。

"怨恨"终于在母亲这里得到终止。因为没有人肯舍弃自己心中的怨恨，所以所有的人都无法对自己宽容，于是怨恨就像一个恶性循环一样让人无法释怀和解脱。但是只要有一个人选择舍弃这种怨恨，那么一切的不快就会终止。生活中怨恨经常可见，怨恨是最容易传染和循环的，你是选择继续传递还是选择舍弃并用宽容去终结，这就要看你是否学会用理解和关爱去改变怨恨。如果你舍弃了怨恨，那么你将是善心循环的启动者。

智慧背囊：

有时，也许你无法控制自己面对糟糕事情而产生的怨恨和愤怒。虽然你无法避免这种事情，但你可以改变心情。做一件事情，你可以高高兴兴地去做，也可以很痛苦地去做。假如你能够选择快乐，为什么要选择痛苦？要知道：快乐是一种选择，痛苦也是一种选择。舍弃自己心里的怨恨，这也是对自己的宽容。学会舍弃怨恨，你就学会了快乐地生活。

　　人生在世，免不了要和人打交道。人是群体动物，谁也不可能离群索居。但是人与人之间的交往却非常复杂，要想做个有风度的人并不是件容易的事情。这就需要我们不断地修正自己的行为，学会善待他人。同时做人要大度，少一些斤斤计较。有句话叫"任性的深层是丑陋的"，当人群聚集在一起的时候就会有矛盾产生。与人打交道，最重要的就是要大度。大度为人，才能赢得尊重。

大度为人，才能赢得尊重

　　都说人在江湖，身不由己。但是我们要守住心中的善念，做个心胸大度的人。在博大的胸怀里学会宽容，学会包容一切好或不好的事物，这样才能拥有好的心态和处世之道。苏轼的词中有这么一句："大江东去，浪淘尽，千古风流人物。"这种蓬勃的气势让人感到诗人开阔的胸襟，正是这种大度处世的风度才留得千古佳话。

［大度是睿智的人生态度］

　　与人交往很难做到完美，人与人之间的关系总是很难把握，总是有不尽如人意的时候。这个时候我们就要学会大度，学会宽容。大度是一种睿智的人生态度，只有宽厚大度的人，才不会在意一城一池的得失，才会赢得人心。

　　大度也是一种风度。大度的人愿意听取别人的观点，愿意采纳正确的意见，能够谦卑地与人交往。但是大度的境界需要用德行去修养，用智慧去创造，大度的人是具有君子风度的人，大度为人拥有的是美好的心境。大度的人更容易拥有美好的人生。

宋太宗时，有一天官拜殿前都虞侯的孔守正和另一位大臣王荣在北陪园侍奉太宗酒宴，孔守正喝得酩酊大醉，就和王荣在皇帝面前争论起守边塞的功劳来，二人越吵越气愤，把太宗晾在一边，理也不理，完全失去了臣子应有的礼节。侍臣实在看不下去，就奏请太宗将两个人抓起来送吏部去治罪，太宗没有同意，而是让人把他们两人送回了家。第二天，二人酒醒了，想起昨天的行为，不禁害怕，一起赶到金銮殿向皇上请罪。太宗却不以为然，对昨天两人的行为不作追究，而是说："朕也喝醉了，记不得这些事了。"

宋太宗托辞说自己也喝醉了，对两位臣子对自己的冒犯不加追查，既没有丢失朝廷的面子，又让两位大臣警觉自己的言行，这是两全其美的事，何乐而不为呢？

大度为人，那么别人也会靠近你的身边，彼此进行心灵上的交流，一切都会变得和睦起来。

[大度能让心灵获得解脱]

学会大度就要学会为人着想，学会从对方的立场上来看问题，这样自己的观点也会更加客观，态度也会更加冷静。如果每个人都能够以大度的心态去对待别人，那么生活就会显得十分美妙与融洽。大度为人是一种较高的素质也是一种情操。大度并不意味着怯懦和胆怯，而是一种开怀处世的心态。大度的人是健康乐观的人，这种人会用一颗博大的心胸原谅身边人的一些小过失，从而使自己的心灵获得解脱。这也是一种养生之道。

有一位中国妇人远离家乡来到美国开了家小店卖蔬菜。由于她的菜十分新鲜价钱又公道，所以她的生意特别好。这就让其他摊位的小贩十分不满。大家经常在扫地的时候有意无意地都把垃圾扫到她的店门口。但是这个中国妇人十分大度，她并没有计较，反而每次都把垃圾扫到角落堆起来，然后把店门口清扫得干干净净。

她的旁边有一个卖菜的墨西哥妇人观察了她很多天，最后她终于忍不住了，便问她："大家都把垃圾扫到你的门口，你为什么不生气呢？"中国妇人笑着说："在我们国家，过年的时候大家都会把垃圾往家里面扫。因为垃圾就代表财富，垃圾越多就代表你来年会赚很多的钱。现在每天都有人把垃圾送到我这里来，我感激还来不及呢！这就代表我的财运会一直很好。我怎么舍得拒绝呢？"

墨西哥妇人听了之后就把这些话传到各个小贩的耳朵里，从此以后，再也没有垃圾出现在中国妇人的门口。

故事中的中国妇女，她不但宽恕了别人，同时也为自己创造了一个和善的环境。和气生财就是这个道理，所以她的生意才会越做越好。倘若她采取消极的方式去对待，试想一个外乡人又怎么能斗得过这些本地人呢？针锋相对的后果只能让事情变得更加糟糕。但是大度为人，少一些计较，就会让事情变得好起来。

智慧背囊：

有的人在你辛勤播种的时候袖手旁观，但是在收获的时候却毫无愧色地来分享你的果实，遇到这种人，就要学会大度。虽说你做出一点牺牲却成全了他人的欲望，但总比到最后两者相争要好得多。心胸狭窄的人总是抱怨不休，纵使他有天大的本事也难以有所建树。做个大度的人，你就会发现天地如此广阔。不要在彼此摩擦中浪费时间和生命，天地很大，比天大的是人的心胸。每个人都大度一些，生活就会变得和谐而美好。

人活着有太多的事情要承担，如拼搏、责任、理想等，这些人生目标常常让人们变得疲惫，很多人活着不知道自己到底是为了什么。物质上的丰富，精神上的贫困，这是当今社会的真实写照。金钱让很多人失去自我，权力让很多人失去灵魂。现实的残酷和无情让人透不过气来，久而久之，人开始变得麻木不仁。当一个人离自己的目标越近，就会越感到彷徨和不安。

放松身心，回归纯我

给自己的心灵一个空间，让自己的心能有个可以呼吸的地方，用来小憩，用来等待和回味生命中发生过的事情。在强大的压力下让自己的心暂时放松，给一点空间让自己透透气，这样就不会感到劳累，也不会让自己失去对生活的信心。生活的质量是由自己掌握的，不要让自己留下过多的遗憾。让心灵拥有呼吸的空间，把自己的烦恼暂时放下。不再计较生活中种种难以释怀的事情，让身心放松，重新开始。

[放松心灵，跟着感觉走]

为了生活，为了能够达到我们理想中的目标，我们失去了太多精神上的享乐。尽管生活在朝着我们既定的目标发展，但是每个人的欲望是无止境的。有了房子的人还想买车，有了车的人又想出国。在一个又一个的目标中，我们让自己背上重重的担子，心灵开始变得疲惫不堪。面对社会的激烈竞争，我们仍旧要学会随时让自己透上一口气。

也许当你心情十分沉重的时候你依然要在公众场合保持完美的微笑。也许，你更加喜欢的是休闲服饰，但是在贵宾如云的场合，你必须要系着领带，或是必须要用高跟鞋衬托你的优雅和端庄。这个时候你需要在结束了一天的疲惫之后给自己的心灵一个呼吸的空间，不要让自己生活在狭小黑暗的角落里。学会让自己尽情地放纵一次，打破旧的自我。在遇到委屈和挫折的时候不要再隐忍，放开自己的心，跟着心的需要走，让心灵有呼吸的空间，让自己能够在雪天拥有一份听雪的心情。

最美的风景不一定在终点，不妨在路途中停下来看一看周围的风景。在夕阳下品一杯清茶，让幸福溢满心灵。给心灵一个呼吸的空间，让自己学会放下手中的事情，放下身上的重担，回到属于自己的轻松世界中，带给自己一份宁静和快乐。

有一位年轻人认识一位出家师父，他们经常相约谈论人生。年轻人经常向师父抱怨生活中的种种烦恼，师父就用因果、轮回这些事情来解释。有一次年轻人又向师父抱怨他生活中的烦恼，说他就是不知道怎样才能摆脱。于是，师父要他左手提着他们刚买的三罐西红柿汁，他一边提着一边和师父交谈。

渐渐地，他的左手感到十分酸痛。时间越长，他就越感到吃不消。后来年轻人终于受不了了，便把东西放下。师父说："你还是拿着它跟我说话吧。"

又过了15分钟，他的左手实在受不了了，师父这才对他说："可以放下了。"师父接着笑道："你不喜欢提着重物跟我说话，为什么却总喜欢带着烦恼来跟我说话呢？手酸了，放下重物就好，那么对待烦恼，不也是放下就好吗？你的烦恼就像那些西红柿汁一样，是你自己用手把它们提起来的，当然承受的也是你自己了。"

年轻人恍然大悟。

一手提着重物，一边想着事情，手酸了，自然会放下手中的东西，那么心累了，为什么不休息一会儿呢？让自己的心有个呼吸和休息的空间，把心事都暂时给放下来。人们总是很容易放下有形的重物，却很难放下无形的重负。执着的人生会让自己承担太多莫须有的重担，学会让自己的心灵呼吸，也就学会了人生的自在。

[学会放松，让心灵得到喜悦]

生活的质量是由自己掌握的，不要让自己留下过多的遗憾，让自己的心灵时常有个停歇的空间，让自己可以随意哭、随意笑、随意说。给心灵一些空间，摒弃一切杂念，享受一份只属于自己的淡然。在物欲横流的今天，一个人只有选择一个适合自己心灵的空间，才有可能找到自己的幸福。世间万物都有可能给自己带来幸福，即使是刚从额头上拂过的一阵清风也会让人感到心旷神怡。重要的是心灵是否已经得到了呼吸。

生活在快节奏的都市，工作的压力、家庭的负担、人际关系的缠绕，使生活变得枯燥而沉重，如果自己不调节自己，自己不放松自己，迟早你会崩溃的。

一个雅典人看到著名的大哲学家柏拉图正在和一群孩子用坚果玩游戏，他停下脚步，带着嘲弄的口气说："是你呀，还和野孩子在一起玩耍呢，看你哪像个哲学家，倒像个疯子"。柏拉图发现有人取笑他，就在路当中放了一把松了弦的弓，说道："听着，你猜猜看，我这样做是什么意思。"人们纷纷围拢过来，那雅典人苦苦思索半天，还是弄不清楚柏拉图所指的问题是什么，最后只好认输了，请求当面赐教。

柏拉图带着胜利的口气说："如果你老是把弦绷得紧紧的，弓就很容易折断，但如果你把它松了，用时再拉紧，这样有松有紧弦就不容易断了。"

会放松的人一定是一个懂得生活的人，因为他知道何时紧握，何时放松。何时张开自己要飞的翅膀，何时找一个温暖的巢穴栖息。懂得生活的人必定是一个成功的人。在一个轻松的氛围下，你的心情就像春日的和风、像夏天的冰水、像秋天的露珠、像冬日的阳光。你会忘了所有的不快，就像天空里飞行的小鸟一样自由自在。

黄昏的时候去快活林散散步，享受晚风轻拂的惬意；双休日，到自然中去，感受鸟语花香的温馨；节假日去名胜古迹，领略灿烂文化的风采，沏一杯香茗，看一本好书，听听音乐，或者陪着家人聊聊天……

智慧背囊：

为心灵留一个小小的空间，放下烦恼和忧愁，听听音乐，看看日落，写上一首小诗，让心灵获得一份超脱和快乐。纵然只是小小的一片空间，也会让你的生活过得更加充实和富有情趣。

生活中我们一定要学会挤时间放松自己的心灵之弦，哪怕是一点点时间也好，如果这样，我们也能享受到每天生活中美好的滋味，享受生命的一份份美丽。

不懒惰，
学习创新，
适应新的变化

5

　　一个盛满水的纸杯子，必须倒空后才能再注满水，这是一个很简单的生活常识，却蕴含着一个发人深省的哲理：唯有吐故才能纳新，勇于创新才能有发展！道理很清楚，但真正付诸实施却并不是那么容易的。当你遭遇新的变化和新的挑战时，你可能会习惯性地照抄照搬以前的老套路，你的思维惯性和惰性会不自觉地阻止你适应新的变化。社会需要我们不断创新，更新自己的观念，时刻倒空自己杯中的水，由此积淀的人生经验，才是弥足珍贵的财富。

你知道吗？心态是决定命运的真正主人！一个人有什么样的心态，就会有什么样的人生。你想自己是什么样的人，你就会是什么样的人。积极的态度让人积极进取，创造成功；消极的态度却让人消极悲观，永远没有成功的机会。

想要成功，就从现在开始，树立积极心态，摒弃消极想法，从心态这个"根源"上改变自己，就能实现积极成功的人生目标。

树立积极的心态

这是一个事实：在这个世界上，成功卓越者活得充实、自由、潇洒，失败者、平庸者过得空虚、艰难、猥琐。事实上，人与人之间只有微小的差距，可这微小差异却造成了人生命运的巨大差别。有的人成功，有的人失败，而决定这种命运的却是人的心态。

[不同的心态有不同的命运]

有一家服装厂，由于经济效益不好，决定让一批工人下岗。第一批下岗人员里有两位女性，她们都是40岁左右，一位是大学毕业生，工厂的工程师，另一位是普通女工。这位工程师的学识肯定超过那位普通工人，不过后来她们的命运却恰恰相反。

在常人看来，普通工人下岗很普遍，但连工程师也下岗了，这个事成为厂里的热门话题，人们纷纷议论着、嘀咕着。对于这一突然而来的打击，女工程师深怀怨恨，她愤怒过、骂过，也吵过，但都无济于事。工厂的情况还在恶化，更多的人员下岗了，其中也不乏工程师。不过，这些都不能使女工程师感到心理平衡，在她心里，始终觉得下岗是一件丢人的事。失去了工作，她的心态也越来越差，从开始的愤怒转化成抱怨，接着又由抱怨转化成了内疚。她整天心情抑郁地待在家里，不愿出门见人，更没想过要重新规划自己的人生，孤独而忧郁的心态控制了她的一切，包括她的才能的发挥。女工程师本来身体就不是太好，还有高血压，忧郁的心态总是把她的注意力集中到下岗这件事上。虽然下岗的事已成定局，但她内心始终拒绝接受这一变化，她无法解脱。就这样，在本该大有所为的年纪，她却带着忧郁的心态和不俗的学识孤寂地离开了人世。

而那位普通女工的心态却和她大不一样，她很快就从下岗的阴影里解脱了出来。她想：又不是我一个人下岗了，既然别人能活，我也肯定能生活下去。而且，下岗还使她萌生了一个信念：一定要比以前活得更好！于是，她不再有抱怨和焦虑，而是平心静气地接受了下岗的现实。说来也怪，平心静气的心态让她变得聪明起来，发现了自己以前从来没有认真注意过的长处，她对烹调非常在行。于是，她就东挪西借，开起了一家小饭店。因为发挥了自己的长处，她经营的饭店生意十分红火，在短短一年时间里，就还清了借款。如今，她的饭店规模早已扩大了几倍，成了当地小有名气的餐馆，她也确实过上了比在工厂上班时更好的生活。

一个是高学历的工程师，一个是普通的女工，她们都曾面临着一个同样的困境：下岗。可她们的命运为什么差别这样大呢？原因就在于她们各自的心态不同。

虽然女工程师的学历很高，可在面对生活的变化时，恰恰是心态阻碍了其学识的发挥。而且，消极的心态反而使她的学识在埋怨和忧郁的方向上发挥出了威力，换句话说，她的学识越高，她的抱怨就越深，她的忧郁就越有分量。反过来看那个普通女工，她虽然没有学历，可积极的心态不仅使她重拾生活的勇气，而且还起到了积极的作用，最后她以自己的特长获得了成功，过上了比以前更好的日子。

正如一位心理学家所说："心态是横在人生之路上的双向门，人们可以把它转到一边，进入成功，也可以把它转到另一边，进入失败。"

总而言之，不同的心态决定了人不同的命运，只有积极的心态才能促使人向着成功的方向迈进。

[心态决定命运]

有一位成功人士曾经说过：一个人能否成功，关键在于他的心态；成功人士与失败人士的差别在于成功人士拥有积极的心态，而失败人士则反之。

在人生中，心态能使我们成功，也能使我们失败。积极的心态是一个人走向成功的第一步。这也正是：你不能改变事实，但你可以改变心态；你不能改变环境，但你可以改变自己；你不能改变过去，但你可以改变现在。心态由你自己主宰，只有拥有积极的心态，才能具备成功的条件。

他出生在美国，叫雷·克洛。他从一出生就经历了很多坎坷，他出生的时候，恰逢西部淘金热结束，一个本来可以发大财的时代与他擦肩而过。照常理，他可以像其他孩子一样读完中学再读大学，但1931年的美国经济大萧条使其囊中羞涩而和大学无缘。走入社会后，他想在房地产上做一番事业，好不容易才打开局面，不料第二次世界大战烽烟四起，房价急转直下，结果血本无归。那时候，他不得不为了生计四处求职，曾做过急救车司机、钢琴演奏员和搅拌器推销员。在雷·克洛人生的前几十年，低谷、逆境和不幸始终伴随着他，命运一直在捉弄他。

尽管屡遭挫折，雷·克洛热情不减，执着追求。这一年，在外面闯荡半辈子的他回到老家，卖掉家里少得可怜的一份产业做生意。经过一段时间观察，他发现迪克·麦当劳和迈克·麦当劳开办的汽车餐厅生意很红火，他确认这一行业很有发展前途。那个时候的雷·克洛已经52岁了，普通人已经是准备退休的年龄，可这位门外汉却决心从头做起，到这家餐厅打工，学做汉堡包。后来，他又抓住机会，在麦氏兄弟的餐厅转让时毫不犹豫地借债270万美元将其买下。这也成了雷·克洛人生的转折点，经过多年的苦心经营，麦当劳现在已经成为全球最大的以汉堡包为主食的速食公司，在国内外拥有1万多家连锁店。据相关部门统计，全世界每天光顾麦当劳的人至少有数千万，年收入高达数十亿美元。而他的创始人雷·克洛，因此也被誉为"汉堡包大王"。

心态决定命运，想成功什么时候都不算晚，雷·克洛的奋斗历程给人以深刻的启迪。不管处于什么样的境地，只要有眼光，有勇气，有热情，起步永远不晚。成功从来都倾向于那些自强不息、审时度势的人。

有人曾说过这样一段话：播下一种心态，收获一种思想；播下一种思想，收获一种行为；播下一种行为，收获一种习惯；播下一种习惯，收获一种性格；播下一种性格，收获一种命运。这充满哲理的话语，也更加深刻辩证地解释了"心态决定命运"这样一个道理。

智慧背囊：

心态与命运往往是紧紧相连的。每个人都在为改变命运而努力，但最后的成功只属于那些心态好的人。

思想家培根说："许多事情，只需要时间和好的心态。"成败得失，更多的时候近在咫尺，仅一步之遥，而许多人之所以功败垂成，往往是没有好的心态，最终绝望并放弃。

在生活、学业、事业等任何方面，拥有空杯心态是很重要的，随时清空心中一切不利于前进的思想，才有助于自己取得更高领域的成就。

从零开始，不是让我们消极避世，而是让我们更洒脱、更从容，面对金光闪烁的花花世界，多一分清醒，多一分淡泊。

敢于归零方可自我超越

要想做好一件事，前提是先要有好心态，如果想学到更多学问，想提升职业能力，先要把自己想象成"一个空着的杯子"，而不是骄傲自满，固步自封。

[清除心灵污染，定期给自己复位归零]

美国哈佛大学校长来北京大学访问时，曾讲过一段自己的亲身经历：

这一年，他向学校请了三个月的假，然后告诉自己的家人，不要问我去什么地方，我每个星期都会给家里打个电话，报个平安。实际上是因为厌倦了日复一日重复的工作，于是，他只身一人去了美国南部的农村，趁着假期去尝试着过另一种全新的生活。在那里，他做了各种各样的工作，到农场去打工、给饭店刷盘子。和农民们一起在田地里做工时，背着老板躲在角落里抽烟，或和工友偷懒聊天，都让他有一种前所未有的愉悦。

他还说到了他遇到的一件最有趣的事，他最后在一家餐厅找到一份刷盘子的工作，只干了四个小时，老板就把他叫来，给他结了账。饭馆老板对他说："可怜的老头，你刷盘子太慢了，你被解雇了。"于是，这个"可怜的老头"重新回到哈佛，回到自己熟悉的工作环境后，却觉得以往再熟悉不过的东西都变得新鲜有趣起来，工作成为一种全新的享受。这三个月的经历，像一个淘气的孩子搞了一次恶作剧一样，新鲜而刺激。并且重点在于，有了这次经历之后，一切在他眼里就如同儿童眼里的世界，一切都充满乐趣，他不自觉地清理了原来心中积攒多年的"垃圾"。

现代社会，生活节奏是飞快的，于是伴随而来的是人们生存压力的不断加大。所以，在人生的某些时期或阶段，人们总会自然而然地感受到一种难以摆脱的压抑和烦躁，主动地寻求排解和减压是很正确的做法。

有一位作家曾经说过：冠冕，是暂时的光辉，是永久的束缚。一个人只有走出成功的光环，并摆脱成功的束缚，才能不断地迈步向前。

说起篮球，不能不提乔丹。当年，在连得三届NBA总冠军后，神话般的飞人乔丹也未能免俗，当他发现已经没有什么需要他证明的时候，他感到了空虚和茫然，于是选择了退役，改行去打小时候就很喜欢的棒球。结果不但反应太慢，而且脚步不够灵活，勉强在芝加哥白袜队混了个板凳队员。每天有大批的球迷涌进棒球场，他们不是来看棒球的，而是喊着排山倒海的口号，请求乔丹回去打篮球的。尽管成绩不好，可乔丹依然很快乐，他对朋友说：我需要换一种方式前进。直到公牛队面临着连续两年失利的关头，乔丹才像个贪玩的孩子一样回到球队。在归队的那一天，克林顿在白宫早会上说：截至今天，我们今年总计创造了60万个就业岗位，现在是60万零1个——乔丹回来了！随着一句简单的"I'm back"，乔丹重返NBA。回归之后，与伙伴们一鼓作气，乔丹又取得了一个三连冠，成就了NBA历史上一个遥不可及的王朝。

漫步在尘世这个大环境，心灵也难免会沾染尘埃，学会定期给自己复位归零，你会发现：原本枯燥、缺少激情的生活和工作原来是那么的美好。

[拥有空杯心态，从零开始才能进步]

所有的事情都是有因果的，外在的放手来自内心的割舍，而内心的割舍，恰恰又是最不容易做到的。

在古代，有一个佛学造诣很深的人，听说某个寺庙里有位德高望重的老禅师，便去拜访。老禅师的徒弟接待他时，他态度傲慢，心想：我是佛学造诣很深的人，你算老几？后来老禅师十分恭敬地接待了他，并为他沏茶。可在倒水时，明明杯子已经满了，老禅师还不停地倒。他不解地问："大师，为什么杯子已经满了，还要往里倒？""是啊，既然已满了，干吗还倒呢？"禅师说，"你就像这只杯子一样，里面装满了自己的看法和想法，如果你不把杯子空掉，叫我如何对你说禅呢？"

这个故事告诉我们：若想学到更多学问，先要把自己想象成"一个空着的杯子"，而不是骄傲自满。想接受新东西，只有将心倒空了，才会有外在的松手，才能拥有更大的成功。所有想求发展的人，都必须拥有这个重要的心态。

曾在一个杂志上看到一则故事：一个落魄的篮球明星来到一家洗车店里打工。经理要求他在擦车时摘下冠军戒指，以免将车划伤，但遭到了他的拒绝。这个篮球明星说："这枚戒指是我剩下的唯一荣耀，如果把它拿走，我就会崩溃。"结果可想而知，他失去了这份工作，被洗车店解雇了。

这个篮球明星就是因为没有归零心态，所以才失去了工作。海尔集团首席执行官张瑞敏曾说："我们主张产品零库存，同样主张成功零库存。"只有把成功忘掉，才能面对新的挑战。作为一个世界名牌，海尔年销售额数百亿元，张瑞敏从未有一丝飘飘然的感觉，相反，时时处处向员工灌输危机意识，要求大家面对成功始终保持一种如履薄冰的谨慎。

成功永远只能代表过去，一个人若是长久沉迷于以往成功的回忆，那他就再也不会进步。对于有远大志向的追求者来说，成功永远在下一次。保持"归零"心态，才能不断发展创造新的辉煌。足球史上的伟大球王贝利在接受记者采访时，被问及哪一个进球是最精彩、最漂亮的，他的回答永远是"下一个"！

从零开始，其实就是一种虚怀若谷的精神。有了这种精神，人才能不断进步，企业才能不断发展。如果你一味沉浸于以往的成功、荣誉、辉煌、掌声或成绩，就难免会迷失自我。同样的道理，如果你太过于在意昔日的失败、无能、平庸或污点的话，也会导致裹足不前。尤其是在企业中，这种现象极为常见，一些在公司取得过很高成绩的员工，或是刚刚从其他企业较高职位转入新公司时，这些人的工作态度，都很难达到归零心态。还有很多企业员工，总是沉湎于过去的失败，面对工作中的挑战望而却步，以至于总是无法提高工作效率。

这种现象的存在，不管是对个人还是企业，都是很不利的。

皮特是一个刚参加工作不久的年轻人，他找到一位著名的企业家，希望向他请教有关成功的秘诀。企业家先是让皮特介绍一下自己，于是他长篇大论地讲述了自己的良好品质以及所取得的成就。

当这位企业家针对皮特的实际情况提出有关工作态度和职业方向的建议时，他却并不愿意接受，他觉得自己有一个更好的主意，因为自己其实已经取得了一些成绩，只不过这些成绩是在其他领域。皮特相信，自己的经验肯定也可以运用到这家企业。所以，不管企业家说什么，他总是有一个"更好的"的主意在那儿等着。

这时，企业家拿起一个装满白酒的玻璃杯，请皮特拿在手上，然后自己又从旁边提来一壶酒，慢慢地往玻璃杯中倒。就这样一直倒着，直到溢出的酒沿着杯壁流到了地上。但企业家好像还没有停止的意思，直到皮特惊讶地喊出来："您别倒了，再倒就都浪费了！"

终于，企业家将酒瓶不紧不慢地收回，说道："你的话正是我想说的。这壶酒和我想教给你的东西是一样的——都是浪费。你已经像这个杯子一样装满东西了"。皮特问道："我现在的经验难道毫无价值吗？"企业家回答道："你的思维方式使你成为现在的样子，并且拥有了现在的东西。按照同样的方式思考下去，你不会达成自己所希望的目标。你走吧，等你放弃了这一切之后再回来。到那时候，我的东西才能够教给你。"

现实生活中，常怀归零心，才能够接受更新的思想。蛇类每年都要蜕皮才能成长，蟹只有脱去原有的外壳，才能换来更坚固的保障。旧的思想如果不舍弃，新的思想就不会诞生。

昨天的成功，不代表明日的辉煌，过去的失败，也不代表将来不能成功。

智慧背囊：

永远不要把过去当回事，永远要从现在开始，进行全面的超越！当"归零"成为一种常态，一种延续，一种时刻要做的事情时，也就完成了职业生涯的全面超越。"空杯心态"并不是一味地否定过去，而是要怀着否定或者说放空过去的一种态度，去融入新的环境，对待新的工作、新的事物。

人生就像学算术，一是加法，层层叠加、处处增码；一是减法，依次递减，逐层精简，这两种算法加减出两种不同的人生。

人生也要做一些减法，减去一些奢侈的欲望，减去没有价值的身外之物——热闹的生命里，有许多不堪承受的东西，需要减法。因此，做好人生减法，是很高深的生存技巧和学问。

人生不要拒绝舍弃

有的时候，人生需要加法，追求名利、追求知识、追求成功、追求富贵这都没有错；但有时也需要用减法，远离名利、看淡成败、安于淡泊。

[减去心灵的负担]

快节奏的现代生活，匆忙的脚步闪得人头晕目眩，但使我们疲惫不堪的，岂止是工作的压力、生活的重负，更多的则是来自我们心灵的包袱。

有这样一个故事：有个穷人，他靠每天给人做工生活，他总怕自己死后升不了天堂，于是就去问一个禅师："我死后能进天堂吗？为什么我的担子总那么沉重，是不是上帝要惩罚我？"禅师说了一句他没听懂的话，他摇了摇头，就走了。三十年后，这个穷人靠自己的勤奋挣了一大笔钱，做了许多好事。一天，他又来看那位禅师，说："我死后能进天堂吗？为什么我还是感到有沉重的负担，是上帝对我不满吗？"禅师又摇了摇头，说："你进不了天堂。"又过了三十年，禅师为他做临终祈祷了，他对禅师说："不必为我祈祷了，我明白禅师的意思，一个为进天堂而活着的人是进不了天堂的。"此刻，正准备祷告的禅师转过身来，看着还有一息气脉的他，流着眼泪说："孩子，你已经进入了天堂。"

其实，心灵是一个奇特的地方。当你患得患失时，它是痛苦的枷锁；当你知足常乐时，它是幸福的天堂。你的心灵是灰暗失色还是阳光灿烂，不取决于环境，而在于你坦诚的胸怀和乐观的态度。但是现实生活中，随波逐流自寻烦恼的人到处都是：为羡慕别人光鲜华丽的外表而耿耿于怀，为追逐诱人的名利、地位而寝食不安，为寻求日渐远离的旧情而失落惆怅……人生的欲望像一条长长的锁链，一个牵一个，有的甚至穷尽一生也不知所终，不知不觉就走进了烦恼的死胡同，结果陷入愁云惨雾中，不能自拔。

减去心灵的负担，是一种豁达。俗话说，人非圣贤，孰能无过。现实生活中的我们常常以此慰藉自己的过失，或是寄希望于别人的宽容。当别人犯错时，我们却常常十分吝啬自己的谅解、同情，而是以圣人的标准要求别人，甚至为此怒火中烧，事实上，那不过是在用别人的错误惩罚自己。君子以厚德载物，水至清则无鱼，人至察则无徒。做人处事没必要太苛求，待人接物不必太刻薄；应少一些求全责备，多一些宽容大度；少一些耿耿于怀，多一些坦然大气。

减去心灵的负担，是一种超脱。刚出生的婴儿总是紧紧地攥着小拳头，因为每个人来到这个世界时都想抓些什么。当死亡来临时，我们也总会说他将撒手人寰。攥拳撒手间，生死轮回中，我们得到的仅是一段旅程的记忆。既然这样，我们又何苦要负重前行，何必等到临近终点时才幡然悔悟，原来自己费尽辛苦背负的东西竟是一无所用。宠辱不惊，闲看庭前花开花落；去留无意，漫随天外云卷云舒。这是何其超然的一种心态。

减去心灵的负担，是一种智慧。明知不可为而为之的勇气固然值得推崇，知难而退的明智又何尝不是一种洒脱。世间率领无穷尽的子子孙孙移山的愚公是一定会有的，可谁又见过玉帝呢？世人都讥笑智叟，谁又能说出智叟的不是？如果愚公能舍弃山间陋室而举家迁徙，其子子孙孙又何苦要担负无穷尽的山石。舍得，先舍后得，不愿舍弃，如何获得？当你紧握拳头的时候，你攥住的只是虚无的空气，什么也没有。放开手，你将拥有整个世界。

[减去奢侈的欲望]

在四十岁这年，吉姆·特纳继承了拥有三十多亿美元资产的莱斯勒石油公司，所以人们都以为新上任的总裁会大干一番，好好地为公司做加法。可他却做起了减法，他组建起一个评估团，对公司资产做了全面盘点，然后以五十年作基数，在资财总和中先减去自己和全家所需、社会应承担的费用，再减去应付的银行利息、公司刚性支出、生产投资等等，一切评估做完后，他发现还剩八千万美元。他把这笔钱用到了他认为有价值的地方，先拿出三千万为家乡建起一所大学，余下五千万则全部捐给了美国社会福利基金会。人们对他的行为表示不理解，他却说："这笔钱对我已没有实质意义，减去它就是减去了我生命中的负担。"

在公司员工的印象中，永远看不到吉姆·特纳愁眉苦脸。太平洋海啸，给公司造成一亿多美元损失，他在董事会上依然谈笑风生，说："纵然减去一亿美元，我还是比你们富有十倍，我就有多于你们十倍的快乐。"当灾难降临到他的头上，他的孩子在车祸中不幸身亡，他说："我有五个孩子，减去一个痛苦，还有四个幸福。"

吉姆·特纳活到八十五岁悄然谢世，他在自己的墓碑上留下这样一行字：我最欣慰的是用好了人生的减法！

记得有位作家曾经说过：幸福是什么？幸福就是自己觉得幸福。是啊，幸福是一种内心的真实体验，它既不等于豪华的别墅，不等于银行里的大额存款，也不等于令人炫目的珠宝钻石。某些人虽然拥有汽车洋房，虽然能够尽自己所想地进行很多物质享受，而且还能得到周围人们的夸赞与艳羡，但是每当静下心来盘点自己所拥有的幸福与快乐时，这些人却感到捉襟见肘——尽管拥有汽车洋房，但是却没有真心相爱的人与之相伴；尽管能够尽自己所想地进行各种各样的物质享受，但是内心却时常感到空虚和无聊；尽管能够得到周围人们的夸赞与艳羡，但是身边却没有一位真诚相待的朋友……

在人生中，真正的幸福与快乐并不在于你的手中拥有多少物质，而在于你的内心能容纳多少高贵而美妙的思想。人的一生，从某种角度来说就是一种不断地拥有和失去的过程。也许，只有在经历过无数次的拥有与失去之后，你才能意识到，获得幸福与快乐的关键并不是去无休止地追求什么，而是在适当的时候懂得放弃。

智慧背囊：

做好人生减法，因为它使人更能清醒科学地悟透人生的内涵，合理安排人生的进退取舍，有所为、有所不为，使人生不至于走向极端，从而使人生更充满活力，更健康、更有利于社会，进而使人生更有意义。

去做吧，不要拒绝舍弃，而要乐观地面对人生的减法，你可以收获另一种精彩。

现实生活中，也许我们不得不做一些令人厌烦的工作。这时候就有可能会产生厌职情绪，就算是给你一个很好的工作环境，可若总是一成不变的话，任何工作都会变得枯燥乏味。举个例子来说：很多在大公司工作的员工，他们拥有渊博的知识，受过专业的训练，有一份令人羡慕的工作，拿一份不菲的薪水，但是他们中的很多人对工作并不热爱，视工作如紧箍咒，只是为了生存而不得不出来工作。于是，面对工作，他们精神颓废、未老先衰，工作对他们来说毫无乐趣可言。

从工作中找到生活的乐趣

[厌恶自己的工作，你就不会有所成就]

失败时，有些人常常喜欢说他们现在的境况是别人造成的。事实上，你的境况不是周围环境造成的，怎样看待人生把握人生由你自己决定。

东天是一家汽车修理厂的修理工，从进厂的第一天起，他就开始喋喋不休地抱怨："修理这活太脏了，瞧瞧我身上弄的"，"累死人了，我简直要崩溃了，太讨厌死这份工作了"，"凭我的本事，做修理这活太丢人了"……

每天，东天都是在抱怨和不满的情绪中度过的。他常常认为自己在受煎熬，在像奴隶一样做苦力。因此，东天每时每刻都窥视着师傅的眼神、举动，稍有空隙，他便偷懒耍滑，应付手中的工作。

几年过去了，与东天一同进厂的三个工友，各自凭着自己的手艺，或另谋高就，或被公司送进大学进修了，独有东天，仍旧在抱怨声中，日复一日地做着他蔑视的修理工。

不管你是为了什么目的而从事现在的工作，要想获得成功，就要对自己的工作充满热爱。若你也像东天那样鄙视、厌恶自己的工作，对它投注"冷淡"的目光，那么，就算你正从事最不平凡的工作，你同样不会有任何成就。

所以说，一件工作能否做得有声有色，取决于你的看法与心态，对于工作，你可以做好，也可以做坏。面对一份工作，你可以选择高高兴兴和骄傲地做，也可以愁眉苦脸和厌恶地做。怎样选择，这完全在于你自己。

作为员工，你有责任去热爱你的本职工作，即使这份工作你不太喜欢，也要尽一切能力去转变，去热爱它。因为只有你去热爱了，才能发掘出你内心蕴藏着的活力、热情和巨大的创造力。付出和结果永远是成正比的，你对自己的工作越热爱，决心越大，工作效率就越高。

当你全身心地投入一份工作时，上班就不再是一件苦差事，工作就变成了一种乐趣，就会有更多的人愿意聘请你来做你更热爱的事。而且，有了这种热爱，你就不会再去抱怨，不会再感到空虚，你就会从中获得巨大的快乐。

[消除厌职心态，人生充满希望]

所谓心态，就是人们的心理态度，即人的各种心理品质的修养和能力。具体地讲：心态就是人的意识、观念、动机、情感、气质、兴趣等心理素质的某种体现，对人的思维、选择、言谈和行为动作具有导向和支配作用。也正是由于积极心态的导向和支配作用，才决定了人们事业的成败。

杜克在这个公司已经两年了，却始终没有什么进步，一直在原地踏步。于是，他心生抱怨："我只拿这点钱，凭什么去做那么多工作。我为公司干活，公司付我一份报酬，等价交换而已。我只要对得起这份薪水就行了，多一点我都不干。又不是我自己开的公司，说得过去就行了。"在杜克眼里，工作只是一种简单的雇佣关系，抱着这种"我不过是在为老板打工"的想法，做多做少，做好做坏，对自己意义不大，达到要求就行了。

杜克在这家贸易公司工作了两年，由于不满意自己的工作，他不满地对朋友说："我在公司里的工资是最低的，老板也不把我放在眼里，我现在都快受不了了，若是再这样下去，总有一天我要跟他拍桌子，再递上一封辞职书。"

朋友问他："你在这家贸易公司这么久了，你把业务都弄清楚了吗？做国际贸易的窍门完全弄懂了吗？"杜克说："还没有！"

朋友说："君子报仇十年不晚！我建议你先静下心来，认认真真地工作，把他们的一切贸易技巧、商业文书和公司组织完全搞通，甚至包括如何书写合同等具体细节都弄懂了之后，再一走了之，这样做岂不是既出了气，又有许多收获吗？"杜克听从了朋友的建议，一改往日的散漫习惯，开始认认真真地工作起来，甚至下班之后，还常常留在办公室里研究商业文书的写法。

时间很快又过了一年，那位朋友偶然又遇到杜克："现在你大概都学会了，快辞职了吧？"杜克说："但我发现近半年来，老板对我刮目相看，最近更委以重任，又升职又加薪。说实话，不仅仅是老板，公司里的其他人都开始敬重我了！"

有了积极的心态，就有工作的热情；有了积极的心态，就有了端正的态度；积极的心态，将使你的人生充满希望！

智慧背囊：

抛弃厌职心态，热爱你的工作吧！

积极的心态创造积极人生，消极的心态则是消耗人生。

积极人生可以开运造命、主动布局、开创新机，人生充满希望；

消极人生使人受制命运、怨天尤人、墨守成规，人生没有希望。

在那些寄予美好祝福的赠言中，我们常常能看到"万事如意""一帆风顺"之类的字眼，而在现实生活中，真正万事如意、一帆风顺的人生又有多少呢？人生之路是曲折的，甚至是坎坷的，只有走过了才知道，挫折或者成功，只是人生的驿站，哪怕跌倒一百次，我们也要一百零一次地站起来，用一次次的挫折和一次次的成功去编织自己绚丽的人生。

让挫折点燃信念之火

天才诗人拜伦曾说过："逆境是达到真理的一条通路。"不懂得在痛苦中丰富和提高自己的人，多半是愚蠢和懦弱的。对人生中遇到的麻烦和问题，既不回避，也不沮丧，而是多想办法，这样才能使自己与智慧结下缘分，成为生活的强者。

[逃避挫折者，只有失败]

有句话说：苦难是人生的老师。的确如此，没有经过长夜痛哭的人往往不懂得什么叫真正的人生，虽然这一次你痛哭了，但下一次你再面对人生的时候，你一定会微笑的。人生之路上难免遭遇到挫折和失败，正视挫折，接受挫折，方能远离挫折。

晓枫告别朋友、亲人，踏上了寻找成功的旅途。他跋山涉水，历尽千辛万苦，身上的衣衫被路上的荆棘划破了，脚板也被鞋底磨出了水泡。他很疲累，但他依然不停地走，向着成功的方向。他经过一片森林和一条河流，一个叫挫折的青年挡住了他的去路并笑着说："……只要你想寻找成功，就必须从我这里经过，就必须经历挫折。"

"不行，"晓枫说，"我要的是成功，我不需要挫折。"他又翻了无数座山，淌过了无数条河，却始终没有找到成功。渐渐地灰心丧气起来。一天，他碰到一位智者。他问智者："你知道成功在哪里吗？"智者沉思了一会儿，说："就在这里，"用手指向前方，"每一个人要寻找的成功都在自己的前方。"

"不！"晓枫叫道，"前方我遇到的只有挫折。""挫折是在前方，但成功也是在前方呀，你为什么不坚定地向前方走去呢？成功在最前方呀！"晓枫愕然，智者叹息。

世上人大多如此。他们看到挫折在前方，却忘了成功也在前方。放弃了向前走的机会，便也失去了获得成功的时机。就算会遭遇挫折，依然要坚定地向前走去，因为成功也在前方，不要让挫折遮住你的双眼。

是啊，在挫折面前，逃避者只能被淘汰，恐惧者只能更懦弱，只有正视挫折者，才能获得最后的成功！

被誉为"蝴蝶总理"的加拿大前总理让·克雷蒂安，出生在一个普通工人家庭，他先天生理缺陷，左脸偏瘫，左耳失聪，嘴角畸形，讲话和微笑时嘴总是歪向一边。为了矫正自己的口吃，他嘴里含着小石子讲话。看着嘴巴和舌头被石子磨烂了的儿子，母亲心疼地哭了，他却说："妈妈，书上说，每一只漂亮的蝴蝶都是自己冲破束缚它的茧之后才变成的，我也要做一只美丽的蝴蝶。"先天不足的挫折丝毫不能阻挡他的努力，就这样，凭着惊人的毅力和勤奋，他不但能流利地讲话了，而且取得了优异的成绩。他三次当选国家总理，被人们亲切地称他为"蝴蝶总理"。

看了这位传奇总理的经历：天生的东西，是我们无法改变的，比如：低微的门第、丑陋的相貌、痛苦的遭遇等，这些都是我们生命中的"茧"。不过，你要记住，生命中还有些东西是人人都可以选择的，比如自尊、自信、毅力、勇气，它们是帮助我们穿破命运之茧，化蛹为蝶的生命之剑。

[化挫折为动力]

挫折有时就是成功的开始，就好像蘑菇都喜欢与潮湿为邻一样，希望也偏爱跟挫折为伴。因此，就算身处挫折中，也不要心存恐惧，还是把它当成你的邻居一样去善待吧，要知道，黑夜的邻居是白昼，绝望的隔壁是希望！

巴西是一个足球之国。在1954年的世界杯上，所有人都认为巴西队能获得冠军，但天有不测风云，巴西队在半决赛中却意外败给了德国队，球员们悲痛至极，他们想，去迎接球迷的辱骂、嘲笑和汽水瓶吧。不过，当归来的飞机徐徐降落在首都机场的时候，映入他们眼帘的却是另外一种景象，总统和两万多球迷默默地站在机场，他们看到总统和球迷共举一个大横幅，上书：失败了也要昂首挺胸……就是因为有了这么多的理解和支持，成就了巴西队以后的崛起和成功！

在人生中，挫折常常是成功的开始。因此，如果你渴望成功，请牢记这句话：挫折是人前进的第一站，你应该善待挫折，化挫折为动力，它将是你成功的阶梯。

有一位成功的推销员，曾说起他当初的创业经历：看着八楼最南边的那个亮着乳白色灯光的窗户，心里嘀咕："上，还是不上？"他知道自己今天要再上就是第五次登这八层楼了，前四次虽然每次都挂着满头汗珠跨进那家的门槛，但得到的回答都是同样一句话："今天我没空，请改日再来！"他清楚地感到那家主人是有意搪塞、敷衍，便后悔自己不该对他说自己是下岗职工，是靠推销商品混日子的，是来求教上门推销商品经验的。但他又觉得不平：你凭什么神气，你原先不也是下岗职工嘛，不也是靠推销商品混日子嘛，这几年发了，办了公司，当了老板就看不起别人了！当那家主人第二次说"今天我没空，请改日再来"之后，他就下决心不再登这八楼了。但当他转来转去，累得腰酸腿痛，说得口干舌燥也销不了几瓶"去油污精"时，便不知不觉地又转到了这幢楼下。

最后他还是下定决心再试一次。当他拎着装满"去油污精"的大提包登完八层楼梯，第五次按响门铃时，主人出乎意料地开门把他让进屋，但还是说："你三番五次来我家够辛苦的，为了不让你太失望，我今天买两瓶'去油污精'，但仍没空和你谈别的，待以后再说。"

但他想到主人要买他的"去油污精"，能让他挣几个钱，心里已有些慰藉，取不到经挣到钱也罢。接下来，他从包中取出产品，要主人随意取一瓶开塞，先在厨房排油烟机上做试验，当看到一处油渍转眼消逝，主人当即夸赞："这东西灵验，我买10瓶。"他却说："一下买10瓶不行，这东西有效期短，过期会失效，你先买两瓶，以后我会及时再来。""好，就听你的，这次先买两瓶。"这家主人随即掏口袋付钱。从此之后，他便和这位主人建立了良好的关系。

人生几十载，不如意者十之八九！在我们看似平坦的路上，充满了种种荆棘，往往使人痛不欲生。挫折来到时，不要悲观消沉，而应直面挫折，笑对挫折，把它们转化成我们行动的动力！聪明的人经历过挫折，会使自己变得强大，明白了这个道理，挫折与成功一样对你都无比重要。与挫折战斗，战胜挫折，超越挫折，就会使你获得更大的成功，而这种成功又是无比坚固的。

智慧背囊：

若将人生比喻成一座大山，挫折就是人在攀登大山过程中难以把握、难以预期的崎岖山径。只有经得起考验，受到了挫折的磨砺，甩得脱挫折的梦魇，勇于征服攀登中的所有困难，才能取得最后的成功。别让挫折成为我们人生路上前进的绊脚石，让挫折点燃我们心中的信念之火，让我们的心灵充分感受人生的价值和生命的真谛，最终走向成功的彼岸！

笑是人间最美的语言，笑是绽放在每个人脸上最美丽的花朵，是回荡在心灵深处的一支最迷人的歌。生活不欠我们任何东西，因此没必要总给一张苦瓜脸。而且我们还应对生活充满感激，至少，它给了我们生命，给了我们生存的空间。

笑对人生是一种态度，跟贫富、地位、处境没有必然的联系。笑对人生，你会发现你的生活有多么幸福！

你笑对人生，人生也会笑对你

笑对生活是一种禅境，抱怨生活是一种自渎。

萨克雷有一句名言："生活就像一面镜子，你对它笑，它就对你笑；你对它哭，它也会对你哭。"其实，人的一生也是如此。

[笑对人生，死神也会却步]

人生之不如意事十之八九，只要活着，就必须随时面对人生道路上这样那样的挫折。人的生命只有一次，既然选择了生活，就要好好度过，让自己的生活充满阳光，与不幸与苦难做抗争，让生命呈现顽强与乐观；精神不倒，身体不倒，始终相信自己，相信明天会更好。就像有位作家说过的一句话："应该笑着面对生活，不管一切如何。"

事实也的确如此，"笑对生活"透着坚强乐观，散发出不屈生命的勃勃激情。笑代表着乐观，乐观心态在某个特定时候能决定一个人的生命。

王大爷70多岁了，一段时间头部不适，经肿瘤医院检查为脑癌，大夫建议手术治疗。王大爷人很精明，家里人知道无法隐瞒，便告知实情。王大爷听后格外镇定，说：我不做手术，也不住院，送我到农村老家，回去自己调养。家里人想到老人身体较弱，经不起手术折腾，不如遂了老人愿。王大爷在老家随心所欲，想吃什么吃什么，想玩就玩，有人陪着聊天休闲，从来不提病，不去医院，不吃药，王大爷说，现在多活一天都是赚的。整天谈笑风生，不亦乐乎。说来也怪，半年以后，王大爷胖了许多，脸色红润，丝毫不像个病人，家里人接回城里到医院再做CT，肿瘤竟无影无踪，大夫奇怪了，老人高兴了，你说什么药治好了他，那就是良好的心态。

雨飞是一个出租车司机，身强力壮的，按常规体检，查出胃部有一肿瘤，确诊为肝癌。自从知道得了癌症后，他的精神马上垮了下来，没几天走路都需要人搀扶，唉声叹气，卧床不起，手术没有几个月就撒手人寰。事实上，夺走雨飞生命的一半是疾病，一半是他自己的悲观心态。

笑对人生，死神也会害怕。生命如此，事业也是一样，可见你的心态是你真正的主人，要么你去驾驭生命，要么是生命驾驭你，你的心态决定谁是坐骑，谁是骑师，心态的不同必然导致人格和作为的不同，最终导致命运的不同。

两个年轻人到一家大公司应聘，经理把第一位应聘者叫到办公室，问道："你觉得你原来的公司怎么样？"应聘者面色冰冷地回答："唉，那里环境太差了。同事们尔虞我诈，钩心斗角，部门经理粗野蛮横，以势压人，整个公司暮气沉沉，生活在那里令人感到十分压抑，所以我想换个理想的地方。"

第二个应聘者也被问到同样的问题，他是这样回答的："我们那儿挺好，同事们待人热情，乐于互助，经理们平易近人，关心下属，整个公司气氛融洽，生活得十分愉快。如果不是想发挥我的特长，我真不想离开那儿。""你被录取了。"经理面带笑容地说。

其实，人与人之间的差别是很小的，但就是这细微的差别却有着极大的不同。这点差别体现在思维方式上，极大的不同之处在于所采取的思维方式究竟是积极的还是消极的。在失败的人当中，十有八九其实是自己放弃了成功的希望，并不是被打败的。

就是这样，当你笑对人生时，生活也会对你微笑；当你笑对人生时，就会有一种力量；当你笑对人生时，也许成功就离你不远了！

［笑对人生，你就拥有了幸福］

智者曾经说过："生性乐观的人，懂得在逆境中找到光明；生性悲观的人，却常因愚蠢的叹气，而把光明给吹熄了。当你懂得生活的乐趣，就能享受生命带来的喜悦。"

一位小有成就的喜剧演员，曾慕名去拜访一位著名的喜剧大师。他问："我如何才能够使自己的表演水平有更大的提高呢？"听了他的问题，那位大师微笑着问："你会笑吗？如果你会笑，那你肯定没有问题。"

这句话看似答非所问，实际上却包含着一个深邃的人生哲理：笑对生活，是一种坦然、豁达和真诚的生活姿态。

有一个美丽的童话：一个名叫可可的小女孩，因为面容长得丑陋，她内心非常自卑，别人很少能够从她脸上见到笑容。于是，幸福女神决定帮助她，使可可快乐起来。

有一天，幸福女神来到了她身边，带她去参观两座玫瑰庄园。当她们走进第一座玫瑰庄园时，里面阳光明媚，鸟语花香，随处可以听到朗朗的笑声。所到之处，人们都会热情地跟她们打招呼，并且送给她们一个真诚的微笑。逛完之后，幸福女神就问她："你喜欢这里吗？"

可可点了点头说："喜欢呀，这里的人很热情、很亲切，就像家里人一样。"

随后，幸福女神又带可可走进第二座玫瑰庄园。那里面死气沉沉的，天空阴郁，地上长满了蒿草，玫瑰花也开得无精打采，有好多都已凋零了。她们见到的每一个人，都面带忧郁和冷漠的神情，更没有一个人主动跟她们打招呼。从这里出来之后，幸福女神又问可可："现在比一比，你愿意生活在哪一座玫瑰庄园里呢？"

可可毫不犹豫地回答说："当然是在第一座玫瑰庄园里了。"接着，幸福女神继续问她："为什么第一座庄园里的玫瑰花开得那么美丽，人们生活得那么快乐呢？"

可可思索了一会儿，说："因为他们每个人脸上都挂着笑容——"

幸福女神拍了拍可可的头说："是啊，当你笑的时候，也就拥有了一座健康的玫瑰庄园。同时，你也就把自己的幸福分享给了身边每一个人，他们也会被你引入第一座玫瑰庄园。"

可可终于明白幸福女神的用意。此后，她学会了笑对生活。别人都称赞她是一个快乐、善良、懂事的好女孩。

成功学大师戴尔·卡耐基曾说："如果我们有着快乐的思想，我们就会快乐。如果我们有着凄惨的思想，我们就会凄惨。如果我们有着害怕的思想，我们就会生病。"因此，即使生活再不幸，再困苦，我们依然要笑着面对，让心灯常亮。这样一来，你就会发现生活中的无穷乐趣，当面临困难、挫折和不幸时，就不会失去生活的信心，从而笑看人生，笑对生活！

不管到什么时候，要坚信：总有一扇门是为你敞开的！笑对生活吧，活出精彩；笑对自己，无怨无悔；笑对人生，拥有幸福！

智慧背囊：

有句话说"心中有绿意，满目皆是春。"只要心中存着一份美好，会发现生活中到处是美景。扔掉郁闷、痛苦、心酸……让我们一起笑对生活吧，让我们心中的绿意常在，让我们的身边全都变成美景吧！

不偏激，
从容豁达，
感恩曾经拥有

————●————

⑥

幸福就像是你手里的沙，握得越紧，漏得越多。学会放手，你会懂得更多。不容易放手的情感往往失去的更多。太多的感情会是负担，学会放手，生活还是同样精彩。

放手，是选择，不是放弃。当你放手的时候，你会发现，幸福也许就已在你身边。曾经的拥有并不会因为你的放手而烟消云散，更多的时候你会因为自己的放手而感到欣慰。因为你的豁达，你的人生将上升到更高的境界。

生活中我们经常会听到这样的故事：一个男孩或者一个女孩喜欢另外一个人，而另外一个人却不喜欢他或者她，但这个执着的人依旧在追求着这个人。苦苦追求，苦苦等待，就像一块修行千年的石头一样。人就是这样，明知道不可能，却还要苦苦纠缠，最终却什么也没有得到。何不学会放下，放下过去，还给彼此自由的空间，让彼此的生活多一点色彩，这又何尝不是一种幸福？

不执迷过往，过好当下

"放下"并不是随口说的一句口头禅，它需要一个人经过艰难的选择，同时忍受不愿失去的痛苦，走向分离。很多人在经过这个过程时，总会痛哭流涕，泪流满面。可是，如果不放下过去，自己又怎能走出过去，又怎能面对生活并开始全新的生活？放下过去，还给彼此自由，这才是真正的感情。

[不放下，何来自由？]

很多人总会抱怨自从有了感情后自己的生活没有了往日简单的快乐，没有了过去悠闲的自由，总认为生活不公，让他遭遇了一段感情却没有给他结果，最后还让他失去了生活的快乐。其实，不是生活不让他快乐，而是他自己不愿意快乐，因为他放不下过去。放不下过去，他也就没有足够的空间来接纳新的感情，也就没有自由可言。

曾有这样一个故事：有一个男孩和女孩在一起六年了，女孩一直以为他们可以相爱到天长地久，海枯石烂。可是，就在她憧憬他们的幸福时，男孩却向女孩提出分手。一时间，女孩觉得她的天塌了，她崩溃了。她跑到男孩的单位质问男孩，男孩只是简单地说不爱她了。女孩执着地问为什么不爱了？男孩只是说不为什么。

女孩伤心，每天她都哭，对着镜子哭，以前哭的时候男孩会帮她擦干泪水，可如今哭的时候却没有人可以为她擦干泪水。想到这些，女孩的泪水更多了。

男孩似乎很快就开始了一段新感情，并没有把女孩的悲伤放在心上，虽然在分手的开始他还是会怀念在一起的美好时光，但那种怀念已经没有了过去的那种悸动，反而有一种解脱的感觉。

女孩的生活一下子被搅乱了，早上她不知道自己起床干什么，上街也不知道自己要做什么，晚上也不知道该做什么，只是对着两人的照片发呆，发呆，一直发呆到哭泣。颤抖的双肩让人更觉得女孩的孤单。

女孩实在忍受不了这种痛苦，她给远在家乡的妈妈打电话，告诉妈妈她很孤单，她很害怕。电话那端的妈妈知道女儿这次是真的受伤了，但她也不能提男孩，因为她在起初就知道会有这一天。她不能说她知道这个结果，因为女儿是一个外表刚强其实内心很脆弱的女孩。她只能静静地听女儿讲述分手的过程，讲述分手的原因。

然后女儿停止了哭泣，妈妈说道："女儿，你还在痛心吗？如果痛的话听妈妈说几句话好吗？"女孩说："好。"妈妈说："曾经我跟你的爸爸也像你们这样，虽然我跟你爸爸分手了，但我没有因为他的离开而放弃了一切，因为我有你，我不能让你受到伤害，所以，我选择了放弃，放弃过去的哀伤，放弃过去的情感，放弃过去给我带来的伤害，开始新的生活。所以，我带着你离开了你父亲的城市，来到了现在的城市……"

女孩听着妈妈说的话，渐渐地她停止了哭泣，慢慢地她明白了，一段感情一旦没有维系的东西也就面临着结束，她忽然之间想通了。泪水干了，泪痕犹在，可是心似乎没有那么痛了。

放下过去的情感，还给彼此自由，让彼此开始新的生活，这也不是一个错误的选择。

人生的风景并不是只有一处，在你为逝去的美景哭泣的时候，眼前可能是一幅更美的画卷。不要沉醉于过去的情感，失去了意味着这段情感不适合你，一段更好的感情正在等待你。不回过头，你怎能看到眼前的美景？不放下过去，你怎会获得自由？

[放下过去，还彼此自由]

生命的灿烂和辉煌并不是只有一个地方拥有，只要你可以放下过去，包容过去，用一颗感恩的心看待过去和希冀未来，你就会创造人生的春天，你的人生就会更加阳光灿烂。

放下过去，你就可以从过去中走出，摆脱情感的束缚，还给自己彻底的自由，同时你也给了对方人生的自由，彼此自由要远远好于彼此束缚，重获自由的两个人或许可以打破"什么都做不成"的魔咒，成为一种患难相交的知心朋友，这种友谊对彼此的人生也是一种补偿。

放下过去，认真思考今后自己该怎么生活，不要觉得没有了那段感情自己就没有了生活。一个勇敢的人敢于面对生活中的一切，包括感情的挫折。放下过去，你可以还思想的自由，让你的思想和心灵在人生的天空中自由地飞翔，飞得越高，才会看得越远，才会走出眼前情感的疆界，开始新的生活。

从现在开始，就要迈出第一步，对自己的过去，大可不必放在心上，不管它是好是坏，一旦过去它就是一张白纸，只要你的心中对过去没有了埋怨和不舍，你的生活就会重新回到正常的轨道。不要让自己成为过去情感的奴隶，要摆脱它，获得自己的自由。

每个人的生命都应该是全新的，跳动的。如果眼前的生活和情感不能让你收获快乐，何不勇敢地放弃，寻找新的生活呢？

如果你一味地沉浸在过去的情感和回忆当中，那只能说明你是在浪费生命。选择怎样的人生和生活是你自己的权利，没有人会把这个权利剥夺，不要让自己在感叹痛苦的时候把自己的权利放弃了。

固守一处，你会看不到希望，看不到幸福。放下过去，找回自己，找回属于自己的自由，也放开握在自己手中他人的自由，不要让别人在你的束缚中痛苦地生活，那不是成功的感情。

看到夕阳西下，苦苦挽留的是傻子；感伤逝去春光的是笨蛋。什么也不肯放下的人，往往失去的更多。今天的放弃是为了明天的得到。没有放弃，怎会有得到。只有放下了旧的情感，你才可能拥有新的情感。

［放下过去，重新开始］

当你为过去的情感而失魂落魄时，你是否曾想过为你担心的双亲？当你沉浸于过去的痛苦时，你是否会想到朋友关心的眼神？

过去的就让它随风过去，没有什么可以阻挡自己前进的脚步。不要因为一时的哀伤而忘记了自己的人生。放下过去，才可以用新的心境开始新的生活。

曾有一个男孩很爱自己的女友，但他的女友却远没有他爱她那样爱他。女友是一个漂泊不定的人，她总喜欢寻找新的东西，喜欢在夜晚牵着小狗散步，喜欢穿男式的衬衫。她觉得大大的衬衫把她罩在里面，可以把她的缺点掩盖起来。

男孩很爱女孩，男孩的厨艺也很好，每天晚上男孩总会变着花样给女孩做好吃的，这时女孩就会说，"我再吃下去会变成胖子的"。男孩会说，"变成胖子怕什么，我养你"。然后女孩一脸潮湿。

可是就是这个轻易被感动的女孩，竟在两人相爱的三年后提出了分手。男孩问她为什么，女孩说，"太疼爱了会让我舍不得你，舍不得你我会迷失自己"。

就这么一句简单的话，彻底让男孩对女孩放弃了，虽然他还爱她，但他知道他已经不能再给她做饭了。

女孩走了，男孩依然自己做饭吃，但他已经不再做过去为女孩做过的饭菜。他学会了变着花样做给自己吃，然后自己到街上散步，看黑黑的夜，看闪烁的霓虹灯。

再后来，男孩醒了，他回到了自己的生活中，他已经放下了女孩，并且生活得十分开心和充实。

也许一段感情会让你在收获快乐的时候，也收获痛苦，但在离别的时候，这些痛苦却会像海水一样慢慢浸满你的身心。如果你放下了过去的情感，这些海水就会失去了蔓延的介质。放下过去，重新开始，这才是真正的生活。

人的一生有太多要做的事，如果不放下过去，而是背负着它前行，那么我们会活得很累，甚至失去生活的勇气。为了自己生活的勇气，放下曾经，为自己的心灵开辟一片新疆域。

智慧背囊：

人生犹如一部戏，我们每个人都是戏里的主角，每个人都不可能把自己的角色演到极致，而不留一丝遗憾。没有遗憾的人生不是完整的人生。虽然放下过去我们会遗憾，但至少我们不会迷茫了，我们知道自己渴望怎样的人生。放下过去，还给彼此自由，让彼此生活得更好，这才是我们的人生。

原本两个人并不认识，却在某一个特定的时间和特定的地点相遇了，然后相知，最后相爱，这个简单的过程却是在某些力量的安排下发生了。这就是我们常说的缘分。有缘千里来相会，无缘对面不相识。缘分让我们走到了一起，缘分也让我们避开了不该认识的人。

感情之事强求不可得

缘分是一种奇妙的东西，当你不知道的时候它就已经来到了你的身边。你的感情生活也许从此拉开帷幕。世间很多男女并不明白其中的道理，总是在对方明确告知不可能的时候，却还要对方说出为什么。所有的不可能其实可以归因到"缘分"上。如果你们真的有缘分，无论怎样都不会改变结果；如果你们没有缘分，无论怎样都不会出现你想要的结果。

[缘分强求不得]

很多人在确定遇到了适合自己的人时，往往会毫不犹豫地扑上去，可是当他/她看清这个人并不喜欢他/她时，总是会要求别人给自己一个结果，殊不知这样不仅不会得到想要的结果，更会让彼此成为陌生人。如果你们真的有缘，不论怎样还是会在一起的。一旦没有缘分，再怎么努力，也是徒劳，因为缘分是强求不得的。

曾有一个在异国他乡求学的女孩。刚到国外时，经朋友介绍他与朋友的哥哥认识了。朋友介绍的初衷是希望哥哥能够在异国他乡给她一些照顾。而哥哥也确实做到了，他一直很细心地照顾女孩。在渐渐的接触中哥哥喜欢上了这个远在他乡的女孩，他向女孩表白了。女孩没有犹豫同意了。

可是，女孩在这个城市的签证到期了，她要到另外一个城市开始为期两年的留学生活。女孩自知两年的时间不长，可两地分割的爱情没有长久的，女孩很理智地向哥哥提出了分手，哥哥什么都没有说，同意了。可是，分手以后的两个人依然彼此关心，依然保持着联系。在分手的时间里，各自有了各自的感情，然后又各自失去，哥哥会来到女孩的城市陪她喝咖啡，女孩则在这段日子里审视两个人，发现原来两个人其实很合适。

于是女孩在没有告知哥哥的情况下来到了哥哥的城市，向哥哥表白。原本她以为哥哥会接受她，出人意料的是哥哥已经拥有了一段新的感情。听了女孩的表白，哥哥不知道该说些什么，最后他说，"我得去度假，而且是与我的新女友一起去。"在这段度假的日子里我会考虑我们之间的感情，我要找到真正适合我的人。女孩同意了。

可是，在哥哥度假回来后，女孩原以为哥哥会选择她，可是哥哥却告诉她他不能接受她，因为如果他那样做的话，他会有负罪感。因为他觉得新女友很适合他。女孩哭了，哭得很伤心。但她没有对哥哥耍闹，只是静静地离开了哥哥的城市。

这就是缘分，来的时候，你不知道珍惜，没有抓住；当你需要的时候，它已经不再属于你。如果你仍旧勉强对方给你一个满意的答案，那么受伤害的必将是两个人。也许你们两个人有缘相遇、相知，却没有相爱的份。这就是人生。

[抓住自己的缘分]

人与人之间能够相遇、相知，或者相爱，是一种必然，其实也是一种偶然。冥冥之中总会有一个人在下一个未知的地方等待着你，而你也会在某个时间来到这个地方，同他相遇、牵手，一切顺理成章，一切浑然天成。因为这就是缘分。

缘分很抽象，很多巧合的机缘用常理是说不清的。也许在无意间你的目光会与另外一个人的目光相遇，就这么一个简单的相遇，让你们从此对彼此牵挂万分，毫无理由，说不清，道不明，一个不经意却造成了一段姻缘。

缘分是命中注定的，强求无用。缘起、缘散都不需要理由，也没有原因。人世间的缘分就是生活中的一个邂逅，然后又消失。有些人曾从两不相知到心心相印，这是缘分的功劳。可是后来随着时间的流逝和空间的阻隔，那份缘也就由浓转淡，由淡转无了。很多情缘都是难遂人愿的。不是每个人都可以拥有缘分，也不是每个人都可以抓住缘分。人世间的分合，生活中的恩怨，都是有缘无分，难以相见；有情无缘，行色匆匆。

当你的缘分到来时，不要害羞，不要胆怯，勇敢地接受属于自己的感情，抓住属于自己的缘分，享受自己的爱情。如果在你的缘分来到你身边时，你没有抓住它，那你就没有理由怪别人。

曾有人说过真正的缘分就是在合适的地点，合适的时间，遇见适合你的人。一旦缘分来了，不要惊讶，不要奇怪，更不要害怕，因为它是属于你的。

缘分来了，抓住它，不要因为一时的错过而造成自己今后的遗憾，缘分走了，也不要哀伤，属于自己的，终究是自己的；不是自己的，强求也无用。

智慧背囊：

人生在世，随遇而安。缘来则聚，缘尽则散。缘分失去的时候我们不必强求，也不必挽留，情缘散尽的感情注定是没有结果的。不要做一个强求缘分的人，因为"强扭的瓜不甜"，即使你勉强得到了你想要的，你也不会感到快乐。

当亚当和夏娃偷食禁果之后，人类历史上便多了一样东西，这种东西伴随着人类的历史而演变、发展、进步，人类对它的认识也更加清晰而深刻。它就是爱情。生活因为有了爱情而变得多姿多彩，荒漠因为有了爱情而不再荒芜。可是，并不是每个人都可以永久地拥有爱情，有的人拥有爱情一段时间后，在不知不觉中就失去了，于是人们痛哭流涕，但他们不曾明白，失去的爱情也是一种收获。

有时放手也是一种真爱

生活中，舍与得永远维持着平衡。有的人得到了财富却失去了最真的亲情，有的人得到了智慧却失去了追求的快乐，有的人实现了自己的梦想却是以自己的健康为代价……在爱情的道路上，舍与得也在维持着它们的恒定。在我们拥有的时候，也许有的东西正在失去；而在我们放手的时候，有些东西却在无形当中进入了我们的生活……明白人知道舍得的道理，懂得真爱的人舍得牺牲，用自己的牺牲来换取他人的幸福。面对失去的爱情，果断地放弃吧！

[舍得放手，痛苦开溜]

恋爱中的两个人，如果一个人硬是把失恋看做人生的终结，看做世界的末日，那么只能说明他是一个愚蠢的人；如果一方因为对方的拒绝而深陷痛苦无法自拔的话，只能说明他欠缺理智。相反，当对方离你而去时，你知道适时地放手，失败的感情也有美丽的洒脱。既然要走就让它走吧，考虑再多也是无用，没有了那个人地球照样转，生活照样继续，让时间冲淡过去的伤痕。要爱，就要会放手，舍得放手。

牡丹不属于梅花盛开的季节，没有一个人是爱情的主角。也许放手会是一种绝望，会是一种深入骨髓的痛。当你与曾经很珍爱的人陌路相逢时，你会在恍然间明白，原来曾经的天长地久只不过是眼前的萍水相逢。也许你们都以为彼此可以牵着彼此的手，就这么静静地走下去，一直走到生命的尽头，可是，当你们放手后才明白，所有不过是两条平行线在偶然间的交汇，当一切都归于平静时，平行线依旧平行，即使近如咫尺，但各自的心灵已是天涯相隔。

也许在松开双手的时候，你会悲伤，你会莫名地为一首曾经一起听的歌而哭泣，为一件彼此喜爱的东西而流泪，总觉得松开手的生活满是黑暗，总觉得人生没有了意义。总觉得放手的痛苦在折磨着自己。可是，当时间久了，日子长了，那种痛苦也就淡了，心也就归于平静了，而自己曾经以为无法忘掉的人也变得模糊起来。

放开手，就意味着放开过去，意味着抛弃过去的伤感，过去的痛苦，过去一切的一切。放开已经没有可能的爱情未尝不是一种快乐，未尝不是一种收获。经过了失恋，我们会变得更成熟、更理智，但我们在寻找新的幸福的时候，我们会更加地投入。所以，舍得放手，也是痛苦的结束。放手吧，不要让爱成为彼此沉重的负担，放开自己的双手，让对方的爱情在她的天空里自由翱翔吧！

虽然失去了爱情，但你明白了生活，学会了珍惜；失去了爱情，没有了痛苦的折磨，收获了生活的智慧，这也是值得的。

[失去了爱情，收获了自由]

放弃了悲伤，你将会收获快乐；放弃了痛苦，你将得到幸福；放弃了冬天，你将不再寒冷；放弃了软弱，你将变得刚强；放弃了爱情，你会收获自由……在人生的岔路口，需要我们放弃一些东西，学会放弃，可以让我们更轻松地行进在人生的道路上。毕竟在这个世界上，有许多东西并不属于我们，如果我们强留在自己身边，我们用的也不会舒坦。

枫和云是一对恋人。他们在无意间遇到了彼此，然后就不可救药地爱上了彼此。枫喜欢云的可爱，云喜欢枫的帅气和成熟。在恋爱的日子里，两人总有说不完的话，工作的时候自然不能说情话，只好在下班的时候互相倾诉思念的痛苦。每晚的十点是两个人煲电话粥的时刻。

也许爱情就是这样，在经历过了高温时期之后，到了降温的时候了。云渐渐地"忙"了起来，忙得忘了给枫打电话，忘了在晚上睡觉之前对他说一句"宝贝儿，晚安"，原本枫以为云是真的忙，并没有在意云的表现。

可是，日子就这样一天一天地过去，枫和云的矛盾渐渐凸现，枫不喜欢云的虚荣，云不喜欢枫的耿直，渐渐地两人的关系冷淡了。渐渐地云减少了给枫的电话，并且也不再像往常那样向枫报告每天的行踪，枫反而觉得自己轻松了许多。

一天，枫赶着要见一个客户，在无意间他看到了一个很像云背影的女人上了对面路边一部很豪华的车子，他急忙追上前去，希望看清这个人是不是云。可是，他迟了一步，当他赶到对面时，车子已经绝尘而去，而车子里的那个女人像极了云。枫不相信地摇了摇头，见客户去了。

可是，当他晚上给云打电话的时候，云却在电话里告诉他说要分手。枫问为什么，云说，跟他在一起，他感觉不到浪漫，枫知道云这么说是嫌他没有钱，他也知道自己给不了她想要的东西，便同意了。

分手后的枫并没有一蹶不振，而是把自己的精力全部投入到工作中去。他觉得自己此刻可以自由地工作了，再也不用听别人的唠叨了。由于枫的勤奋和努力，不久，他被提升为公司的副总。

也许让我们舍不得的那个人只是我们生命中的一个匆匆过客，我们没有理由挽留，因为有些人和事不是我们的挽留可以留下的。世上的一切本身就充满了矛盾，每个人都不可能拥有自己想要拥有的东西，只有懂得放弃才会得到更多的东西。

智慧背囊：

爱其实是一种过程，经历得多了，也就会懂得珍惜以后的感情。一段感情结束了，如果自己真的爱过，那么伤心和痛苦是必然的，但如果分手以后依然为了他抛弃了自己的一切，那么这就是蠢人所为了。只有学会了忘记，你才能够丢掉失恋的忧伤，才会拥抱快乐。舍弃不爱自己的人，舍弃不适合自己的爱情，去接受另一种收获。

手中的沙子是不是攥的越紧就越不易掉下去呢？感情是不是攥得越紧就越稳固呢？相信很多人都知道答案。手中的沙子攥的越紧漏得越厉害，感情攥得越紧也越容易出问题。感情犹如手中的沙子，攥得越紧，失去的越多。

给感情一个舒适的空间

曾经有人这样形容婚姻："婚姻如同好八连的光荣传统：新三年，旧三年，缝缝补补又三年。"而现实中的婚姻有时候却连三年都不到，有的是新一年，旧一年，缝缝补补多一年，有的甚至还不如此。

[攥紧的感情易出问题]

在婚姻中，维系夫妇双方的关键就是感情。一段婚姻如果连感情都没有了，那么婚姻也就什么都没有了。婚姻的牢固与否关键要看感情的稳固与否。感情稳固了，不管生活中两个人有多大的矛盾和摩擦，都会将这些生活的不和谐一笑而过。

感情就像一只小绵羊，每对恋人在一起的时候如同共同牵着一只小绵羊，绳子扯松了，绵羊会不听话，甚至会肆意狂奔；绳子紧了，会把小绵羊勒死。感情攥得越紧，会让感情越没有呼吸的空间，无法呼吸的感情终有一天会死去。

曾有一对小夫妻，两人在新婚之初，恩恩爱爱的，做什么事情都要两个人同去，哪怕其中的一个人去趟卫生间也要同去。但是，这样的情形持续了没多久，生活中的琐碎慢慢地破坏了二人感情的和谐。顿时生活变得索然无味起来，二人的感情也远远没有了新婚时浓烈的温度。

经过了不到一年的时间，两人开始吵架，附近的邻居经常听到他们家吵闹的声音，偶尔也会传出噼里啪啦的声音，其实是两个人在争吵过程中摔打东西的声音。又过了一段时间，就不只是家里噼里啪啦的声音，偶尔还会从窗户中飞出莫名其妙的东西。在夜深人静的夜晚，当人们都在熟睡的时候，经常会被妻子歇斯底里的哭声震醒，还会伴随着丈夫咚咚敲击墙壁的声音。这样的家庭战争总是接二连三地发生，似乎两个人一天不闹就过不去一样。

终于有一天，两个人闹累了，也就分开了。

也有人把婚姻比作一张白纸，其实感情也同婚姻一样。感情好的时候，就在白纸上画出五彩缤纷的图画；当感情不好的时候，也就没有心思在上面吟诗作画了，在生气之极的时候，还会一把将纸一分为二，这时也就是感情和婚姻的结束。

在这个追求个性的年代，人们处处在宣扬着人权人性，感情在这样的氛围中也变得越来越浮躁。感情就像是攥在手里的沙，攥紧了，沙子会从掌心溢出来，攥得松了，会从指缝中漏出来。抓多了不好，抓少了也不行。

感情攥紧了，对方会说你没有给他自由，会说跟你在一起如同坐牢一样。这样的感情早晚都会走向分崩离析。攥紧的感情往往会让另一个人觉得自己的生活没有了色彩。感情也像一个风筝，你把线扯紧了，风筝便无法飞翔，不紧便会从天空中栽下来。是你的感情，即使飞得再远，它也会飞回到你的身边；不是你的，再怎么扯紧，它也会因为绳子断了而远去。

[感情宜松弛有度]

感情不是一个玩偶，任凭你摆弄来摆弄去，摆弄久了，感情就没了。感情确实需要摆弄，但这些摆弄却有一定的限度，并不是你爱怎样就怎样。松弛有度的感情才会牢不可破，就像一根弹簧绳一样，能紧能松才不会断。

松弛有度的感情就像一曲有着和谐韵律的曲子，不管怎么听都不会感到厌烦，而松紧无度的感情就好比只有低音或者只有高音的音乐，听得多了，会让人崩溃。聪明的人知道如何让自己的感情没有压迫感，因为有压迫感的感情是不会长久的。

曾有一个女孩在广州打工的时候认识了一个盲人小伙子。女孩是在一家盲人按摩店认识这个小伙子的，小伙子是这家店里的按摩师。小伙子虽是一个盲人，但却长得很帅气，并且每天让自己干干净净的。经过培训后，女孩顺利留了下来。

在接下来的日子里，女孩与小伙子总有说不完的话，两个人经常拿自己开心的事与对方分享。女孩曾抱怨命运的不公，但当她看到小伙子时，她对生活便有了新的认识。随着两人认识的加深，慢慢地两个人便产生了感情。

不久小伙子把自己和女孩的恋情告诉了他的父母，他的父母听说后便赶到了广州，看自己未来的"儿媳妇"。但女孩并没有告诉自己的父母自己爱上了一个盲人。过了一段日子，男孩的父母要男孩和女孩回老家创业，女孩便跟着男孩来到了男孩的家乡，两人在男孩的家乡开了一家盲人按摩店。

不久，女孩背着自己的父母跟男孩结了婚。起初婚后的生活是温馨平静的。可是过了没多久，男孩便对女孩不放心了。只要女孩与男客户聊天多了，男孩便会脸色大变。等到客人走了，他便会对女孩大发脾气。每天早上女孩都会送孩子去幼儿园，然后也不急着回家，在街上逛逛，可谁知男孩在家里掐点算着女孩的时间，当女孩回来后他便会盘问女孩的去向。日子久了，女孩便觉得自己的生活很压抑。

在夜里，女孩独自哭泣，但男孩却无动于衷。久而久之，女孩觉得自己很委屈，男孩也觉得自己这样做不合适，但他不愿意向妻子道歉，结果妻子受的伤越来越重。

松弛有度的爱情，是不会在时间的流逝和生活的枯燥中变质的，就像文中的小伙子一样，他用尽全力想要把自己的妻子留在自己的身边，可结果却失去了对妻子的爱和信任。如果他能够松一下手，相信他们的感情会像起初那样坚不可摧。

松弛有度不是说你对对方的事情想管就管，而是要抓住时机，不要盲目，否则一样会走入感情的误区。爱情都有一个保鲜期，如何让自己爱情常在，这才是重要的。松弛有度的爱情就是有了一个永久的保鲜期，这样的爱情永远不必担心它会过期。

智慧背囊：

感情是两个人辛辛苦苦经营起来的宝塔，如果两个人不知道如何维护它，就好比是自己亲手将自己建造的宝塔摧毁。沙子一样的爱情需要的是松弛有度，攥得越紧，感情流失的越多也越快，慢慢地，感情的深潭就会成为一片荒漠。恋爱中的双方要互相信任，给对方充分的自由，不要怀疑对方的忠诚，否则压抑的感情是没有明天的。

一个人在行进中如果背负着沉重的包袱，他是不会走得太快的，而且还会很累。人生就像在登山，如果你抛弃了人生的包袱，你登山的脚步会更轻快。可是，生活中总有那么多的人，在登山的时候愿意背负着重重的包袱，明知很累，却不愿意丢下，在这些包袱中，感情就是其中之一。在有的人身上，感情是登山的唯一包袱。他们总以为放下了感情，自己就没有了登山的动力，殊不知，放下了，你才不会痛苦，才会更有精力去"登山"。

感情失去了，别连生活也失去了

人生有很多痛苦，因情而痛是最平常也是最多的。很多人明知自己无法承受住感情的痛苦，却还迟迟不愿卸掉痛苦的行囊，认为放下了感情自己就迷失了自己，连痛苦也感受不到了。其实，这只是他们的想象，生活中也有很多人，他们在爱情受伤后，抛弃了爱情带来的伤害，反而生活得更精彩。所以，放下了才不会痛苦，才会从痛苦中解脱。

［放不下，心灵怎会轻松］

有的人会说，放下感情，说起来容易，做起来难。确实，放下曾经的深厚感情，不是每个人都可以做到的。放下的过程也是痛苦的，因为放下就意味着你从爱情的战场上退出，就意味着你没有了拥有的机会。但如果不放下手中的东西，你怎么用你的双手去抓住更多的东西？这是生命的无奈，也是生命的必需。生活给予我们每一个人的都是一座宝库，一座花园，要想管理好自己的宝库和花园，就必须学会放下某些东西。

有一位高僧，他十分喜爱陶壶。只要他听说哪里有佳品，都会不顾一切地亲自鉴赏。如果符合了自己的心意，无论花费多少他也愿意。在他收集的茶壶当中，有一个龙头壶最受高僧的喜爱。

一天，一个许久没见的朋友前来拜访，高僧拿出这个钟爱的茶壶为他泡茶。朋友也甚是喜欢这个龙头壶，一直对它赞不绝口。但是，在把玩的过程中，朋友一不小心将其掉到了地上，茶壶顿时成了碎片。

高僧没有说什么，只是蹲下身子，收拾起茶壶的碎片，然后拿出另外一只茶壶给朋友泡茶，谈笑，并没有不高兴。

朋友走后，弟子问他，"这是师父最喜欢的茶壶，被打碎了，师父不难过吗？"

高僧说，事实已经是事实了，再留恋茶壶有何用？不如重新寻找，也许还会找到更好的。

在我们的生活中，我们总会对这样那样已经发生的事情耿耿于怀，殊不知这是一种多余的举动。与其抱着无用的烦恼，不如放下烦恼，开始新的生活。拿得起，放得下，才是真正的人生态度。

放下痛苦，才不会痛苦，才会让自己更放松。用一颗平淡的心相守生活，这何尝不是人生的一种幸福呢？

人生的痛苦由谁决定？当然由自己决定。如果抱着旧情很痛苦，不如放下，只有放下了，才不会痛苦。人生的不如意有那么多，如果我们都抱着不放，那么我们还怎么轻松地生活？人的一生有很多东西需要拿得起，放得下，就好比爱情。痛苦的爱情只有放下了才不会痛苦。

男孩曾经与自己的女友一起做过这样一个心理测验，题目是这样的：如果钱包、钥匙和电话本这三样东西同时丢了，选出对你来说最重要的。女友选择了电话本，而他则选择了钥匙。最后答案说明，女友是一个怀旧的人，而他则是一个追求现实的人。后来他们分手了，女友确实总是因为过去的事情而不快乐，大学未果的爱情至今还让她念念不忘，而这个爱情的主人公则早已为人夫、为人父。女友的心永远生活在过去，所以错过了一个又一个不错的选择，其中也有适合她的。

很多人在我们的生命中只是过眼云烟，倘若深陷其中就是一种自虐。不放弃那些如泥沙一样的烟云，又怎能看到生活的彩虹？佛家有云："苦海无边，回头是岸。"可是，有的人就喜欢执迷不悟，就喜欢自寻烦恼。生活中的垃圾该丢掉的时候就丢掉，情感上的垃圾也应如此。

[放下执着，给自己一个机会]

如果一份感情走到了尽头，就没有必要把自己的精力继续投入进去，那样只是在增加徒劳的牺牲。生活不需要无谓的执着，适度地放下是一种豁达，放下沉重给自己一份轻松，遭遇情感的漩涡不要气馁，不要退缩，放下所有的负担，调整好心态，给自己一个重新开始的机会。

生活没有绝对的绝境，当无路可走的时候，就退后一步，放弃原来的选择，也许这样就可以走出生活的迷宫。如果为了一段没有希望的感情而放弃自己整个人生，那么这种付出是不值得的。不放下得不到的感情，只会让我们更痛苦，只会让我们的人生更加不完整！

执着是一种人生的信念，是一个人对自己心中的目标永不停歇的追求。当你执着于一种东西时，你便放弃了另外一种东西，而这种执着的前提是你的这种执着是正确的。

诚然，放下曾经的爱，放下相爱的岁月，放下自己的回忆不是一件容易的事情。但是死守诺言与死守着本已枯萎的爱情，其本身就是对自己的不负责，就是对自己的苛刻，也许我们放不下的是那段青春岁月，放不下的是那个人曾经的温柔。但是随着时间的流逝，岁月的轮回，脑海中的那个人会发生很多变化，我们曾经的爱人与场景也在不断变革，如果我们仅仅活在记忆里，不仅蹉跎了我们的青春，还浪费了我们的时间。所以该放则放，是一种勇敢，是一种气魄，该放下的放下，才能为新的生活腾出空间，才能让枯燥的生活多一些斑斓的色彩。

智慧背囊：

人的一生就像是一趟列车，在列车上我们可以看到沿途的美景。如果每走一段路，我们都把过去的美景放在心里，那我们不仅没有心情欣赏新的美景，而且还会因为对过去美景的不舍而徒增烦恼和痛苦，经过越多，痛苦也就不断地累积，日子久了，自己也就成了"痛苦集中营"。爱情没了，就让它随风而逝，生活照样继续。放下了，就没有痛苦了，当我们静下心来回想过去，也就没有了遗憾，有的只是对人生的感悟和淡定的心。

不骄卑，
坦然自若，
输赢各自有时

---●---

7

　　如果人们用平常心来对待围棋的输赢，那么是不是就失去了围棋的魅力？如果生活中没有了利欲的差距，人们是不是就没有了奋斗的目标？没有了生存的竞争力？其实输赢都是过眼云烟，给他人一点宽容，赢了棋不炫耀，输了也不给对手难堪。不要把自己的愤怒发泄在对手身上，辱骂或者羞辱对手都是在贬低自己的人格。今天的对手也许就是你明天的好朋友，多给朋友一些关爱，在输赢面前坦然自若。

著名作家马克•吐温的长篇小说《镀金时代》里，写了一个名叫塞勒斯的上校。这位先生在美国一片发财的狂热声中，能够兴高采烈地大谈"空气中抓一把就是钱"，但他本人却空想了一生，也没有发财。他待客时，他的餐桌上只有一盆生萝卜，壁炉里也生不起火，只点一支蜡烛在里面装装门面而已。

有行动的想法才有意义

一千个虚幻辉煌的未来抵不过一个勤奋踏实的现实。社会经济的不断发展，带动了产业的发展，也影响着市场的不断扩大和多元化。某一企业的老板为了一个无聊的念头从而走进商界，历经多年努力，成为行业的翘楚。如果说他是运气比较好，那么他的胆量也不得不让人佩服。如今，想创业的人越来越多，虽然他们的想法非常好，也很理想。但是，其中一大部分人虽然谈及创业思想，可到最后还是在动脑筋，换言之还只是一个想法而已。有些人一直在观摩，却没有行动。

[行动是对付空想的唯一方法]

现实生活中，像塞勒斯这样的人大有人在。这种人大多只会空想，只说不做，因而错过了许多很好的创意，没能真正身体力行致使永远也无收获。拿破仑•希尔说过："成功的秘诀是行动，立刻去做！"这话已被众多创业成功者的经历所证实。美国著名企业家奥格•曼迪诺早年由于自己的无知，失去了家庭和工作，只身一人四处漂泊，寻找生活的出路。

后来，他从拿破仑•希尔那里得到了启示，于是重新振作，从零做起。经过15年的奋斗，他从一个无家可归的流浪汉，白手起家成为两家企业的总裁和知名商业杂志——《无限的成功》的主编。除此以外，他还写了6本书，其中《全世界最伟大的推销员》成为推销界最为畅销的图书之一，并被译成14种文字，发行300万册。想创业，想成功不是空想，请立刻行动！只要脚踏实地，从现在做起，相信你的未来并不是梦。

相信很多人都知道扬州三位大学生创业卖烧饼的事。

三位大学生大学毕业后，因为专业好，他们在企业工作的月工资颇高，也算是"白领"了，可他们总想趁着年轻的时候，多学些本领，独立做些事情。当他们得知名列泰州十大旅游美食榜首的黄桥烧饼有广阔的市场前景时，三人便在扬州开了家投资和经营风险都比较小的烧饼店。凭借着他们的努力，小店开张后，前来购买烧饼的人越来越多，烧饼店的名气也越来越大，几经发展，如今烧饼店的规模越来越大，在扬州已发展了几家连锁店。

如今，很多人感到求职难，其实有时候出路就在脚下。心有多大，天地就有多大。它需要的仅仅是务实，从一点一滴做起，去开拓展示自己才智与价值的天地。一张地图，无论它多么精确，它永远不会带着主人在地面上移动半步；一个问题，无论是难或易，它永远不会在你的不断思考中有实质性突破；一个机会，它永远不会在单一的计划中让你获得真正的成功。一个伟人曾说，行动在前方，思考在路上。他倡导的就是先做，然后边做边"纠偏"。他说，只有行动才能使一切都具有现实意义，喜欢说大话而不行动的人，总是与成功无缘的。

有很多人都胸怀创业的理想，也有很多人信誓旦旦表示要自己开公司或一家店铺。他们的想法虽然很多，但总是不见行动，他们不是武断地认为某件事根本不可能有结果，就是说行动的时机还没有来临，总之，他们为自己创业的拖延找到了千百种借口。只想不做的人，必定与成功擦肩而过。

[创业中没有空想家]

当你认为一件事情值得去做时，就立刻行动，不要拖延，最后你就会发现你确实能够做到。因为没有行动一切都是空谈，拖延才是让你停步不前的根本原因。行动是成功创业的灵魂，没有它，一切都是虚幻，成功的人生需要用行动来导航！

现实生活中，"行动的矮子"随处可见。究其原因，并不是事情本来有多难，阻碍人们行动的往往是心理上的天堑和思想中的山峰。国外有一个谚语"人类一思考，上帝就发笑"，就说明了行动的伟大意义。如果你认为这个事情值得做，就立刻行动，不要拖延，结果你会发现自己确实能够做到、做好。因为如果没有了行动一切都是空谈，犹豫、观望、盘算都只能成为羁绊你停滞不前的"枷锁"。

有位胸怀远大理想的少年只身离家，想要去外面闯出一番属于自己的事业。临行前，父亲把他叫到跟前，只说了句："不要只说不做。"出去后他才发现原来自己设定的目标是如此难以实现，经过一系列的打击之后，他退却了，觉得自己几乎一无是处。正当他想放弃之时，父亲期待的目光又一次浮现在了眼前。细细想来，发现自己原来整天都只是在空想，根本没有付出实际行动。从此，少年开始奉行"少说多做"的处世原则，用行动来诠释既定目标，最后终于实现了理想，成为万人瞩目的大富豪。

很多人之所以陷入困境，就是因为设定了一个远大的目标，却很少关心如何实现这一目标，用"说"代替了"做"。创业时，面对问题关键不在于你说了什么，而是在于你真正做了什么！

纵观世界，每一个成功创业的人都不会是"语言的巨人，行动的矮子"，他们一般都是行动家，不是空想家；每一个赚大钱的人都是实战派，绝非理论派。如果想要成功，单单设定和分解目标是远远不够的，即便你具备了知识、技巧、能力、良好的态度与成功的方法，懂得比任何人都多，如果你不采取行动，一切美好的愿望也都只是虚无缥缈、可望而不可即的海市蜃楼，你还是很难获得成功。

智慧背囊：

比尔·盖茨说："想做的事情，立刻去做！"当"立刻去做"从我们的潜意识中浮现时，我们应毫不迟疑地立刻付诸行动。没有行动的方案和设想，它只是一个空谈。没有骨架没有支撑，创业是需要行动的。只有真正走进商界，从小，或从自己擅长的部分开始做起，哪怕赚的钱很少，也能够真正体会到做商人的感觉，真正用商人的头脑去看待市场和环境。放下空想，用你的行动说话；放下空想，成功创业不是梦！

当我们怀着忐忑不安的心做一件事情，身心疲惫不说，可能结果还不如人所想；所以，我们不如放下心中的顾虑，轻装上阵，或许结果会超出预期的效果。放下顾虑，一切皆有可能；放下顾虑，才可能云开见日出；放下顾虑，你才能驱散心头的阴影。所以，放下顾虑，轻装上阵，请坚信理想终会在你的行动中实现！放下包袱，坚定信心，团结一致。放下顾虑，轻装上阵才能让你走得更远。

既然选择前行，就风雨兼程

[放下顾虑，一往无前]

人生之所以不完美，是因为人总是不断地追求完美；人生之所以完美，是因为人生的遗憾也是美的一部分。我们每个人只有学会去欣赏自己，才会寻找自己的方向，才会发现自己的特长，生活因此才会变得丰富多彩，只要做了自己该做的事，走了自己该走的路，就会拥有别人拥有的东西，这一生就充满了意义。

不要在自己的内心深处为自己的能力设限，当你抛开所有的顾虑和杂念，全力以赴地向前冲去的时候，才能真正发挥出自己的潜力。要不断地提升自己的能力，注意做事的方法，才能把事情干得又快又好。首先一个人应该要追求智慧，有了智慧，财富和幸福就会接踵而来。如果想善待自己，请放下所有的顾虑，为自己的理想而努力奋斗。"一切放下，一切自在；当下放下，当下自在"真乃至理名言，肺腑之谈。

有个人曾无限向往西藏这块神秘的土地。他读了好多关于西藏的书，谈西藏像谈他的家乡。他早想去西藏一游，实地考察一下。"想去就去嘛。"朋友对他说。他回答说："经济上窘哪。"待他有一定积蓄了，朋友又问他这话，他的回答是："时间不足呀。"有时间了，"家里离不开呀。"家里能离开了，"今年气候不大正常，去那儿恐怕适应不了。"理由总是现成的。十四五年过去了，他仍常谈到想去西藏，并用上中学时学过的一篇古文《蜀之郡有二僧》来自嘲说："吾不如贫僧也"。语中不无遗憾，正是他的那种顾虑，让他没有去做自己想做的事情。

回顾往事，我们每个人都有许多该做并能做的事没做。妨碍我们做这些事的往往不是因没条件，而是"放不下"一些什么，造成诸多顾虑。这"顾虑"正是"放不下"，试想一下，我们有时是不是因摆脱不了对往事的顾虑心情而耽搁了去做目前的事？"顾虑"是典型的"执着"，"放下"了，就不会有顾虑。能做就马上去做，不能做是因缘不凑，何憾之有？在许多时候，考虑得越多反而越犹豫不决，被"所知"障碍了去路。认定了一个目标就不要有任何顾虑地向前冲吧！

放下吧！放下心中的顾虑，不要让那些顾虑阻挡你想做的事，积极地去面对，为了我们的目标而放下，放下了会让你看到新的希望，放下我们该放下的，摆脱心中的杂念，为自己想做的事情而努力向前冲。

［轻装上阵，走向成功］

我们常听一句话"失败是成功之母"，它就像我们人生路上的一盏明灯，纵使在人生的低谷中，我们仍能找到生存的机遇。其实人生的道路上，成功失败皆是常事，只要我们以一颗坦荡的心去面对，就无所谓失败与成功。所以，无论何时何地，我们都不能把顾虑背在身上，放下才能走向成功。

张明杰上三年级的时候，刚开始他很喜欢英语，就一直问："老师，什么时候才考试啊？"老师回答："过几天。"考试的那天他自信满满的，以为自己一定会考好的，过几天，结果很快出来了，他竟然才考了55分，当时他真是又气又伤心。回到家，他失望地把考试结果告诉了爸爸妈妈，可是他们并没有生气，而是温和地对他说："孩子，不要气馁，失败是成功之母，人难免会有失败的时候，你应该把失败的原因找出来……"听了爸爸妈妈一番意味深长的话，他才平静下来。

原来在考试的时候，他内心有一些顾虑，再加上内心紧张，把老师说的听错了，叫写A，B的，他却写成1，2，最终他找到了失败的原因。在以后的各科考试中，无论是语文考试，还是数学考试，他都时时刻刻提醒自己不要紧张，认真听老师讲考试规则，不给自己施加压力，不要有顾虑。在期中考试中，他放下了紧张的心情，取得了第二名的好成绩。他高兴极了。是啊，"失败是成功之母"这句名言说得很不错，更好的是放下心中的顾虑，失败后认真反思，找出失败的原因，去克服它。放下顾虑，能让我们创造更多锻炼的机会，也就会更进步了！

生活本身就平淡如水，放一点糖它就是甜的，放一点盐它就是咸的。想调制什么样的味道，全在于自己的心境。心胸放开了，一切的悲哀和伤害便显得微不足道。顾虑放开了，你就会坦荡地活着，就会用坦然的态度去迎接一切，承受一切。心如果能够放开，能够自由，天空才会无云，阳光才会灿烂，生命之花才盛开！

智慧背囊：

失败并不可怕，不要把失败当成一种顾虑，不要让失败成为你前进的绊脚石，要找出它的原因去努力打破它！用坦然的心面对困难，永远向前！

放下顾虑，对自己说，要对自己狠一点，彻底一点。狠到要心有余悸，之后再也不敢越雷池半步；彻底到万事已过，宠辱皆忘。越是顾虑，越是无法坦荡，只有放下顾虑奔跑着努力向前，不再回头，相信自己，才能走向成功。

能把握自己的人是世界上最有力的人，而选择是把握自己命运最伟大的力量。所以，把握自己，是成就自我不可或缺的重要因素之一。每个人都有欲望，欲望是人的一种本能，困了有睡欲，饿了有食欲，缺东西用时有物欲，做了领导有权欲。任何人都有欲望。有了这些自然的欲望，就会产生实现这些欲望的行为。人的行为源于欲望，正常的欲望，辅之以正当的行为，就会产生良好的预期效果。

检点内心，不违初衷

[把握自己才能点亮人生]

挖掉毒瘤，就能永远健康。管住自己，就能管住世界；管住自己，就能战胜困难；战胜自己的懒惰，管住自己的私心杂念。需要清理心灵的垃圾，用知识擦亮眼睛洞察是非，有理论指导双脚才不走偏路。没有自律，就不会有成功。所以要"自己管好自己"。

有一个小男孩，总是在家里发脾气，摔摔打打，特别任性。有一天，他爸爸就把这孩子拉到了他家后院的篱笆旁边，说："儿子，你以后每跟家人发一次脾气，就往篱笆上钉一颗钉子。过一段时间，你看看你发了多少脾气，好不好？"这孩子想，那怕什么？我就看看吧。后来，他每嚷嚷一通，就自己往篱笆上敲一颗钉子，一天下来，自己一看：哎呀，一堆钉子！他自己也觉得有点不好意思。

他爸爸说："你看你要克制了吧？你要能做到一整天不发一次脾气，那你就可以把原来敲上的钉子拔下来一根。"这个孩子一想，发一次脾气就钉一颗钉子，一天不发脾气才能拔一根，多难啊！可是为了让钉子减少，他也只能不断地克制自己。

一开始，男孩儿觉得真的很难，但是等到他把篱笆上所有的钉子都拔光的时候，他忽然发觉自己已经学会了克制。他非常欣喜地找到爸爸说："爸爸快去看看，篱笆上的钉子都拔光了，我现在不发脾气了。"

爸爸跟孩子来到了篱笆旁边，意味深长地说："孩子你看，篱笆上的钉子都已经拔光了，但是那些洞永远留在了这里。其实，你每向你的亲人朋友发一次脾气，就是往他们的心上打了一个洞。钉子拔了，你可以道歉，但是那个洞永远不能消除啊。"

所以，不论我们做哪件事情，都要想一想后果，就像钉子敲下去，哪怕以后再拔掉，篱笆已经不会复原了。我们做事，要先往远处想想，谨慎再谨慎，以求避免对他人的伤害，减少自己日后的悔恨。学会克制自己的情绪，记住祸从口出，学会自己管住自己，就会减少对朋友、同事、亲人的伤害，那么你的人际关系会更和谐一些，我们所处的世界会更多一些温暖。

管好自己，也是留一盏明灯照亮自己。前路茫茫，坎坷泥泞，那凄迷的风雨、重重的迷雾常常会让我们辨不清方向，找不到路径。但是，只要我们牢牢地管住自己的内心，不动摇，不迷失，那我们就不会偏离自己正确的人生轨道。

[约束自己才能成就自我]

在现实生活中，许多罪恶和丑陋现象的形成，根源往往在于不正常的欲望或非理性的欲望。所以不仅要规范自己的行为还要自己管住自己，更重要的是控制好自己过分的欲望。欲望过多过大，必然就会贪心。贪求私欲者往往被财欲、物欲、色欲、权欲等等迷住心窍，终至纵欲成灾。

《韩非子·解老》说："有欲甚，则邪心胜。"私欲太多，邪恶的心思便占了上风。《刘子·防欲》说："欲炽则身亡。"私欲太强烈了，会使人丧命。明代文学家、哲学家王廷相曾说："贪欲者，众恶之本；寡欲者，众善之基。"把贪求私欲作为一切罪恶的根源。贪欲，不知断送了多少官员的仕途，又不知使多少人作茧自缚，身败名裂。在近几年的反腐败斗争中这样的例子举不胜举。所以说自己管住自己首先要管住自己的欲望，切不可任意放纵。纵欲，就会心生邪恶，就会腐败堕落，甚至招来杀身之祸。关于纵欲之害，先人圣者讲得再透彻不过了。我们一定要警惕纵欲这一潜伏在自己"阵营"中的最危险的敌人。所以说，最大的敌人是自己。无数事实证明：人为地想捧红一个人是捧不红的，人为地想打倒一个人也是打不倒的。凡是被打倒的，根源都在自己。

在我们的生活中尤其是那些领导干部，都应该从那些纵欲亡身的教训中和吃过"大亏"的人身上得到深刻反省，务必自觉地、严格地管束自己，充分意识到不严格管束自己后患无穷，一旦酿成大错再管自己就后悔莫及了，其结果只能是"亲者痛，仇者快"。一个领导干部在政坛摸爬滚打一辈子，最幸福的事莫过于平平安安地度过自己的政治生涯。如此就必须自觉地接受国家法律、法规的约束，受社会道德、观念、舆论的约束，尤其要自觉地用党纪政纪来规范自己的行为。约束自己很难，管住自己更难。聪明人做事要时时考虑后果，考虑后果就是终身爱护自己、保护自己，而不要自己毁了自己。世界上关心自己的莫过于自己，自己不管自己，谁管自己？不管我们做什么事情，都要严格地约束自己，为我们的事业而规范自己。

每个人无论是做事还是思维上都有许多不好的习惯，这里并不是简单地说某种方式是正确的或是错误的，而是在某种情况下是否合适。我们有时会胡思乱想，这对于一些创造性思维，这种方式是必需的，但有时是必须要克制的，否则会总是注意力不集中。所以在生活中我们要不断地约束自己。

智慧背囊：

在我们奋斗的过程中，一时的喝彩，短暂的掌声，虽然会让人心潮澎湃、激动不已，但也最容易使人驻足留恋。如果我们沉溺于一时的快意，而忘了最终的目标，那么就会丧失斗志，甚至遗恨终生。学会管好自己，为了最终的目标而坚持。在风雨兼程的艰难跋涉中，千万不要忘了管好自己。只有这样，才能不断地透视自己的灵魂，检点自己的内心，让自己在为理想而奋斗的过程中，一刻也不背离自己的初衷，一刻也不迷恋沿途的风景；让我们的行为堂堂正正，让我们的手脚干干净净，让我们的收获实实在在。

荀子《劝学》中有"骐骥一跃，不能十步；驽马十驾，功在不舍；锲而舍之，朽木不折；锲而不舍，金石可镂。"其实，也是告诉我们一个道理：做事情、干工作，应该有一种韧劲和执着，只要认准了方向，就不为困难所吓倒，不因干扰而动摇，义无反顾地将追求进行到底。人不是生来就注定会成功，成功是你用不懈努力的智慧和汗水换来的果实，半途而废只能让你与成功失之交臂！

半途而废只会让你与成功擦肩而过

[人生成功贵在坚持]

做任何一件事情都不要半途而废，如果我们做一件事情放弃一件事情，那么我们什么事情都做不好。所以必须坚持到底，锲而不舍方能成功。

楚汉相争时，刘邦几乎终日面对失败，连刘邦的父亲和老婆都曾被对手抓住，所经历的失败可想而知，然而刘邦并没有被这些失败击倒，建立霸业的理想与信念支持着他，正是他的不言放弃，所以才有了以后数百年的大汉基业。诺贝尔为了驯服烈性炸药，曾数十次与死神擦肩而过，但诺贝尔没有放弃对真理的追求，最终赢得了"炸药工业之父"的美誉。德国作曲家贝多芬一生饱经忧患，在失聪的情况下，创作出了《第九交响乐》等许多不朽作品。这样的例子，比比皆是。

每当我们看到成功者的成就时，总是惊羡于他们的成功，却不知道为了等到成功的到来，他们付出了多少心血。其实天才出自勤奋，成功来自坚持。人世间没有翻不过的山，没有趟不过的河，没有走不出的沙漠和荒原，在黑暗中，要勇敢地付出，才能看到光明。

人生可贵之处就在于坚持到底，锲而不舍是一种难能可贵的坚韧毅力。一个人若能集智慧与勇气于一身，何愁碌碌无为呢？

德国哲学家尼采说："假如一切的梯子使你失败，你必须在自己的头上学习攀登。"思想家卢梭说："信念是抱着坚定不移的希望与信赖，奔赴伟大荣誉之路的热烈感情。"的确如此，古今中外的成功者，都是始终抱着坚定不移的信赖和希望，永不屈服于失败的厄运，坦然面对困难与挫折，在坚定不移的信念的支撑下，勇敢地战胜了各种风浪，从而到达了成功的彼岸的。

[人生大智锲而不舍]

人生之路不可能一帆风顺，无论在生活还是工作中，不能过早地给失败下定论。当遇到了一点点挫折时就对自己的工作产生了怀疑，甚至半途而废，那前面的努力就白费了。只有经得起风雨和各种考验的人才是最终的胜利者，因此，不到最后关头就决不放弃，坚持到底。

人生的成功，事业的发展，取决于主客观的多种因素。王安石认为："世之奇伟瑰怪非常之观，常在于险远，而人之所罕至焉，故非有志者，不能至也。"这些名言启示我们：勇往直前，是无往而不胜的必要前提；百折不回，是走向成功的重要保证。进一步，可能风景如画；退一步，可能遗憾终生。

有一名年轻人，他的梦想是进入某军校，毕业后服务于国家。他两次报考均未被录取，第三次报考时终于实现了自己的梦想。这个年轻人就是道格拉斯·麦克阿瑟。后来他成为美国最高级将领之一，在第二次世界大战期间担任太平洋战区盟军总司令。就像亨利·福特所说的那样，他从来没有放弃，也正是他永不言弃才使他成为高级将领。

由此可见，锲而不舍是多么重要。如果说能够将锲而不舍与锲而舍之结合好的话，那这个人必将有一番作为。其实，多数情况下，我们在成功与失败之间的差距往往仅仅那么一点点，前面大部分的困难已使人筋疲力尽，这时即使一个微小的障碍也可能导致前功尽弃，只要咬紧牙关坚持一下，胜利便近在眼前。

智慧背囊：

生活是无限的，我们每个人就像是海上的一叶扁舟，大海没有风平浪静的时候，所以人也是在曲曲折折地前进着。不管遇到挫折或迷惘，都不要轻言放弃，否则就对不起自己。即使小舟在海上遇到大风大浪也不要退缩，我们相信"永不言弃"号船永远不会沉没，只要我们持之以恒，永不言弃，总会实现我们的梦想，到达成功的彼岸。

大发明家爱迪生说："不断探究是成功之母，从头再来是成功之父。"黑夜过去了，黎明就会在我们的身边，人生的冬天已经过去了，春天也就到来了。

从头再来，是一种人生的豪迈，是成功人生的第一步！

重新开始，什么时候都不晚

[从头再来是成功之父]

"失败是成功之母"早已成为人们生活中的座右铭。然而"从头再来是成功之父"，它既包含了"失败是成功之母"的意思，又显示出了具有不怕挫折、奋发向上的积极态度！想要人生活得精彩，就要有积极的态度，人生的可贵在于永不言败。我们要用积极的态度处理一切消极的事情，不惧怕失败，敢于从头再来。

1996年，于娟下岗了，当时她是原西南工具总厂游标卡尺装尺工，可如今的于娟，是贵阳市的名人。她有很多"头衔"：国务院授予的"全国青年兴业领头人"；省"十大下岗创业明星"；省个协、私协美容美发委员会副会长；娟娟美容院院长。

西南工具总厂进入困难时期，于娟与丈夫一起息岗待工，两人的收入已无法支撑家庭开支。

失业之后，于娟像很多下岗职工一样，首先想到的就是摆地摊，批发小百货来卖。这以后的日子里，她蹲在路边，守着小摊，眼巴巴地盼着有人光顾。就这样看着来来往往的人群守了一个月，连盒饭都舍不得买，可到最后算账时，竟还亏了几十元。没赚到钱，于娟只能另寻别路。她从家里挤出120元，从水果批发市场批发了樱桃来卖。可这次还是赔了，樱桃一颗颗烂在家里，紧赶着处理，还是亏了50元。

几次失败，家里已没有钱让她再去"折腾"，后经朋友介绍，她到雅芳公司当了化妆品推销员。由于摆地摊时长期风吹日晒，于娟患上了严重的胃病和美尼尔氏综合征，脸部皮肤粗糙，还有大块的黄褐斑。可想而知，以这样的形象去推销化妆品，就有顾客公开奚落她："看看你自己的样子，也来搞化妆品推销。"这话没让于娟气馁，她依旧每天穿梭于大街小巷，四处苦口婆心推销，终于让自己的生活有了转机。不过，顾客的奚落也让她看到商机——美容业。于是，她放弃了已能养家糊口的推销工作，到一家美容院当起了一个月只有150元工资的"学徒"。

在美容院打工三个月，是她学习的三个月。短短三个月，这家美容院已不能满足她的求知欲，在丈夫的支持下，她变卖了家中唯一的电器——电视机和部分家具，来到贵阳一家专业美容美发培训中心学习，拿到了高级美容师职称。技术学成之后，于娟借了1万元，租了一间12平方米的门面，开起了只有两张美容床的"娟娟美容院"。有了自己的目标和实践后，于娟更加努力，摸索出一套属于自己的洗脸按摩手法，更在化妆、文眉上有了很大的提高。迈出了成功的第一步后，于娟的生活步入坦途，生意越做越大。

凭着自己不懈的努力和从头再来的勇气，下岗女工于娟成功了，回忆自己的创业历程，她说道："想想这一生那么艰难的路都走过来了，还有什么好害怕的，最糟，也不过从新再来嘛！没什么大不了的。"

通向成功的路从来都不会是一帆风顺的，别人的路不是自己的路，只有自己去走了，才会有自己的路。面对失败和坎坷时，不要退缩、不要气馁，一次不行，我们可以两次，两次不行也不要灰心，要记得，大不了，我们从头再来，从零开始。

[人生豪迈，不过从头再来]

人的一生其实很漫长，不要因为一次成功或失败而失去了从头再来的勇气。要知道，一朵花的凋零荒芜不了整个春天，同样的，一次的成功也成就不了整个人生，成功的背后也许隐藏着巨大的陷阱。所以，从头再来，正确面对人生是我们对自己的渴求。就从现在开始，我们人生的征程已经开始了，不要放弃，从头再来将带您踏上成功的旅程！

尽管这样，还是没有人喜欢失败。因为，失败大多是一些令人痛苦的经验，甚至是让你的人生受到重创的体验。然而，无论是什么人，一生顺利且从未尝过失败滋味的人，是不存在的。不管你是什么人，不管你有多伟大，只要你是一步一步地走着你的人生之路，那么你就或多或少地经历过失败，只不过是轻重程度不同而已。

事实上，不是失败可怕，真正可怕的，是不承认自己有过失败经历的人。因为在人生旅途上，失败是正常的，不失败才是不正常的，重要的是你面对失败的态度是什么，是否能够反败为胜。若在遭遇失败后你失落消极、一蹶不振，那么，打垮你的不是失败，而是你那颗失败的心。因此，我们要豪迈地从头再来，战胜失败。

从头再来，因为众人有期盼；从头再来，因为肩上有责任，可以愈挫愈勇，屡败屡战，直至成功。

智慧背囊：

不要害怕一切从头再来，从哪里跌倒，就从哪里站起来。只要相信自己就一定能够做好。不要在意别人的看法，因为自己才是最了解自己的人。想到做到，下次就一定成功！没什么可抱怨的，没什么可遗憾的，没什么可丧气的。从头再来，什么时候都不算晚！

有位作家曾说过：使人疲惫的不是远方的高山，而是鞋里的一粒沙子。在人生的道路上，我们必须学会随时倒出"鞋里"的那粒"沙子"。这小小的"沙粒"就是需要我们放弃的东西。什么也不放弃的人，往往会失去更珍贵的东西。

什么都不愿放弃反而会失去更多

懂得适时放下，不仅是一门学问，也是一种艺术，只有懂得放下的人才会拥有更多。快乐的人放下痛苦，高尚的人放下庸俗，纯洁的人放下污浊，善良的人放下邪恶。俗话说："聪明的人敢于放下，高明的人乐于放下，精明的人善于放下。"

有句话是这样说的，"舍清溪之幽，得江海之博"。也许经历风雨，未必能见到彩虹；但不经历风雨，根本就没有见到彩虹的可能性。这就是人生的真谛。

[放下身份，赢得机会]

用平凡的心做不平凡的事业，用平和的心想不平和的事情，用平衡的心看不平衡的世界，生命之所以精彩是因为我们用平衡的心去放下。只有放下，你才能得到你想要的结果。

吕强是一位大学生，在大学读书时成绩很好，老师、同学和家长对他的期望也很高，认为他将来一定能有一番成就。事实也的确如此，人们没有看错，吕强的确取得了成就，但不是在仕途上，也不是在跨国公司里，而是靠开餐厅闯出了一片天地。

毕业后，当吕强得知家乡的夜市有一个摊子要转让时，他仔细考虑了以后，就向家人"借钱",把它买了下来。不仅仅是出于创业,他本身对烹饪也很有兴趣,便自己当老板,开起了饭店。吕强的大学生身份曾招来很多人诧异的目光,但由于人们的好奇,也为他招来了不少生意。作为一名大学生,吕强自己也从未对自己学非所用及高学低用产生过怀疑,依然认真地做了下去。

经过几年的努力,吕强的餐厅经营得红红火火,同时还搞起了投资,收入比一般人高很多倍。如果吕强不去开餐厅或许也会很有成就,但不管怎样,他能放下大学生的架子,还是很令人佩服的。

现实生活中,人们常常不愿意放下自己的身份,人的"身份"是一种"自我认同"的感觉,这并不是什么坏事,但这种"自我认同"也是一种人为的"自我限制",不愿放下身份的同时也失去了成功的机会。换一句话说,可以理解为:因为我是这样的人,所以我不能去做那样的事。一般来说,自我认同越强的人,自我限制也越牢固。举些例子,富贵的小姐不愿意和侍女共同用餐,一名硕士不愿意当基层业务员,知识分子不愿意做体力劳动的工作……可能在这些人的潜意识里,如果那样做,就降低了他的身份。

其实,对于那些不愿意放下"身份"的人来说,他们的路只会越走越窄。这并不是说有"身份"的人就不能取得成就,但有一点是需要考虑的,那就是在非常时刻,如果还顾及自己所谓的身份,那么你就有可能进入死胡同。在人生道路上,机会不是常常有,如果你能放下架子,那么路会越走越宽,生活也会因此而改变。

人的一生就像是在走路,途中会遇到很多岔路口,每到一个路口都面临一次选择,而每次选择都会影响着未来。你如果想在社会上真正走出一条路来,活出从容快乐的人生,那么你就要放下自己的架子,不要再背着你的学历、你的家庭背景,让自己回归"普通人"。还有一点,也不要在乎别人的眼光和批评,做你认为有意义的事,追求你所爱的东西。

在人生的奋斗中,能放下自己高贵的身份架子的人,他的思考富有高度的弹性,不会有刻板的观念,而能吸收各种新鲜的事物,丰富自己的头脑和智慧,这将是他最重要的本钱。

放下是一种态度，是一种机会，更是一种智慧。

[学会放下，找到适合自己的平衡点]

在中国地产大亨王石看来，能有所放下才能有所坚持，在他几十年的人生经历中，让他记忆犹新的也始终是那三次人生中的放下。

第一次放下是1983年，这一年，王石33岁，他当过兵，也做过工人，同时在政府机关工作了三年，有阅历，有信心。那时的他崇信《红与黑》里于连不甘平庸的勇气和奋力拼搏的野心。

有时，舍与得只隔着一条细细的线。1983年5月7日，王石坐火车来到深圳，他丢下了过去，准备开始一番全新的事业。到深圳没多久，王石就想到一位老同学，因为他非常赏识这位老同学的能力和才智，所以就想拉他来深圳一起干。可是，因为种种现实无法舍弃的原因，这位老同学没能来。时隔多年之后，他来深圳找王石，问能不能来深圳跟着干事业。王石对他说，如果他来，一切要从头做起。此时的他已经是大设计院的主任了，又怎么可能还有心力从头做起呢？

他的事业越做越大，用王石自己的话说，"一直粗放式地赚着钱"。1988年，他做出了人生的第二次放下——在推动完成了当时还名为深圳现代科教仪器展销中心（即万科前身）的万科进行股份制改革后，放弃自己的个人股份！

在1988年12月28日，万科已经开始公开发行自己的股票。按照国家的规定，4100万股的股份中，万科职工应得的股票为500万股左右，而这部分股票中有10%允许归到个人名下。

王石说："现在，仍然有很多人会问起我当初的决定。我始终要说的是，我从来没有认为自己做错了。我承认，来深圳创业最初的动机的确是为了淘金。但是，有一天，当我突然需要面对巨大的财富时，我还真有些不知所措，也没有安全感。而且中国的社会价值取向是'不患寡，患不均'。钱太多，弄不好会招来祸害。名利之间只能选择一项，或者默默地赚钱，或者两袖清风地做一番事业，我选择后者。"同为地产界的同行冯仑这样评价他说："在中国，得利很危险，若是不甘寂寞，那就得取名舍利。回过头来看，王石的确如此，他不是个有钱人，社会上没人说他很有钱；他不是个符号，富豪榜上从来没有他；但是好人好事的榜上有他，这样，他在中国社会就容易生存。如果他是个富豪，同时又爱张扬，那万科就会有问题，肯定活不到现在。"1993年5月28日，万科开始发行B股。紧接着在6月，中国的宏观调控随之展开。

王石说："那时，万科不做其他项目，而专注于房地产，是下了狠心的！可以说，这是我人生中面对的第三次放下。因为当时国家进行了宏观调控，房地产市场的大环境极端不好，而你还要放弃其他可能带来大利润的项目，这需要很大的魄力。可以说，专攻房地产项目成为1993年万科的战略决定！"随着一次又一次地放下，万科的地产项目也如雨后春笋般冒出来。

王石之所以能够创业成功，与放下有着不可切割的关系。万科之所以能越做越大，最关键的就是在不确定的摇摆中寻找平衡，一切都是在机会主义中进行取舍，一切都是在无序中寻找有序。想成功，就要学会放下，找到适合自己的平衡点。

所有的事情，所有的东西，都讲究平衡，一旦失去平衡，就会出现一些问题。创业成功的最大要求就是要在现实生存和长远战略之间寻求平衡，又要在坚持和放弃之间打破平衡，也就是动态的平衡能力。平衡是一门很大的学问，把握好平衡，才能成就人生伟业。

智慧背囊：

在奋斗的人生中，想要成功，就要学会放弃一些东西。就像一位围棋骁将说的话："我觉得下棋经常不是增加点东西，而是减少点东西。"正是他的减法使他的状态一直颇佳。人生也是如此，要学会珍藏一些东西，更要学会放弃些东西。

生活比你想象的要容易得多，学会适时放下足矣！

输与赢只在我们心中，只有一线之隔。能够悟透得失的人，才会有快乐的人生。

其实，人生就是输赢循环的过程，适时地放弃一些东西，才能获得更珍贵的东西。

不要太在乎一时的输赢

不要太在乎一时的输赢，微笑着去唱生活的歌谣，不要埋怨生活中有太多苦难，不要抱怨生命中有太多曲折，调整心态，乐观、平静地面对，你会发现你的命运其实也不赖，你的人生也同样精彩。

[输赢只是暂时，并非永恒]

有位名人曾经说过：不要感叹自己缺少什么，能够放下自己手中拥有的东西的人，才是一个真正有智慧的人。

有一个人，因为放下一只股票，而成为百万富翁。

他现在已经是六十多岁的老人了，原来的职业是推销员，他曾在1987年买了3000股EMC公司的股票。过了不久，他卖掉了三分之二的股票，而剩下的1000股股票他却忘得一干二净。后来，EMC公司因无法找到事主，将股票证书交给马萨诸塞州财政厅处理。又过了一段时间，州财政厅终于把这批"没人认领的股票"还给了他。作为一个老股民，他怎么也没想到，由于EMC公司股价飙升，他已忘记的1000股股票现已升至380万美元。

因为放下，反而得到了，当我们放下某些东西，轻装上路，开始新的生活，寻找人生另一份生活空间时，生活也许就在我们放下某些东西的同时，已经悄然改变。人生易老，物换星移，也许有一天，我们会为及时放下人生中的某些东西而万分庆幸。

在快节奏的现代生活中，人们时常被名利所扰、被输赢所困、被怒气所伤，虽然心里承载着"健康第一，快乐至上"的信念，但舍本逐末的行为还是时常上演。

有句古话："以恕己之心恕人，以责人之心责己。"这句出自中国启蒙读物《千字文》的话语虽然流传了几千年，但今天能解其中味并身体力行的人可谓凤毛麟角。每当遇到"不快事"时，许多人要么大动肝火，要么心生闷气，最终不仅惹得鸡犬不宁，而且扭曲了自己的心态，于是在"是可忍，孰不可忍"的悲愤中蹒跚行走。

其实，生命中的"拥有"是很平常的，而"失去"也是正常的。如果你紧紧抓住失去不放，得到就永远也不会到来。只有放下失败，方能抓住成功，才可以让生命重放光彩，不过这一切，都需要你有一颗淡泊名利得失、笑看输赢成败的平常心。

懂得用平常心去看待人生中起起落落的人，不会因为一次的得失而否定彩虹的存在，这样就可以笑看得失成败，享受平安快乐的人生。漫漫人生路上不可能永远一帆风顺，总会有高有低，有时候，失去也未必是坏事。条条大路通成功，这条路不通，不妨拐个弯，也许柳暗花明又一村。不要一条胡同走到黑，做人要懂得变通。当你很努力用心地去做一件事，结果纵然不尽如人意，也不必怨天尤人，人生最重要的是无怨无悔，别把成败得失看得太重。

生活中，常会看到有些人总是郁郁寡欢，原因就在于他们很少能想到自己已经拥有的，却总是想着自身所没有的。总觉得自己拥有的微不足道，抱怨自己所没有的，人当然就无法快乐起来。人生不顺心的事难免会发生，但快乐的人却不会将这些装在心里，他们没有忧虑。其实，快乐就是珍惜自己已经拥有的一切。

一个笑看得失的人，总是深信自己和自己的潜能足以实现任何梦想，真正有效的成功者只在自己的成功中追求卓越，而不把成功建立在别人的失意上；能够笑看输赢的人，总是非常乐意去帮助他人，不求名利不求回报。聪明的人知道从内心里献出的东西，依旧会从内心里产出来，它就像自己的一家能源工厂，生产力很高，永远能提供给自己最大的满足。

一颗淡泊心面对生活，一颗宁静心品味生活，一颗平常心对待得失，一颗感恩心笑看成败，一颗顽强心直面挫折，过去不代表现在，现在也不代表未来。

总之一句话，人生的输赢，不是一时的成败所能决定的，今天赢了，不等于永远赢了；今天输了，只是暂时还没赢，不代表以后就不能赢。

[成事在天，心态决定输赢得失]

世界华人首富李嘉诚曾经说过："人生自有沉浮，每个人都应该学会忍受生命中属于自己的一份悲伤，保持好的心态，只有这样，才会体会到什么叫做成功，什么叫做真正的幸福。"把输赢就当作一缕清风在耳畔轻轻拂过；遭遇磨难，就当作一阵微不足道的小浪，不要让它在心中激起惊涛骇浪；遭遇痛苦，就当作是眼里一颗尘粒，眨一眨眼，流一滴泪，足以将痛苦淹没。

尤其当遭遇输赢时，人的心态常常失去平衡，关键在于进行有效的自我调整，控制不良心态，培养良好心态对每个人都是很重要的。

在20世纪30年代的上海，有个人以乞讨为生，整天挎着个破竹篮子四处乞讨，看尽了脸色受够了白眼，日子过得好不凄惨。当时，适逢国民党政府发行航天彩票，一块银元一张，头彩奖金是五百块银元。这个乞丐想一旦中了头奖从此不就发了吗？有了想法，他便把乞讨来的铜板一枚枚积攒起来；积攒了很久才换成一块银元，就用这钱买了一张彩票。衣衫破烂的乞丐浑身上下没有一个不漏的口袋，就把那张彩票放在破竹篮的篮底。

半个月后，开奖了，这个乞丐竟然中了头奖！得知消息后他欣喜若狂，自己以后就是个有钱人了，再也不用去讨饭讨铜板了！在前往银行兑奖的途中路过外白渡桥时，他望着桥下浩浩荡荡的苏州河，不由得挺直了腰杆昂起了头："啊，真是三十年河东三十年河西，谁能想到我一个穷讨饭的也会有发迹的一天！这破竹篮还要它做什么，现在乞讨这种事对我来说简直是个笑话！"说完这番话，他抬手就把破竹篮扔进了苏州河，湍急的河水很快就把篮子冲得不见影儿了。

　　怀着对未来生活的美好愿望，这个乞丐趾高气扬地到银行去领取奖金，办手续的职员问他要彩票，他翻遍了全身也没找着，这才猛然想起彩票放在了破竹篮里，而破竹篮却被他随手扔到了苏州河里。可怜的乞丐，美梦在瞬间崩塌，他痛心疾首地蹲在银行大厅的地上抱头大哭。

　　人们都说这是命中注定，命运是无法改变的，他就是乞丐的命，天上掉馅饼都改变不了他的命。其实并不是这样的，成功与否可能就仅仅是心态上的差别，而这种差别，往往会导致命运发生改变。所以，乞丐的命运是由他自己的心态决定的。如果他没有在中奖后忘乎所以，太得意忘形，他的命运从此真的就会是另一番模样了。有句话说：宠辱不惊，说的就是人无论在顺境还是在逆境中都要摆正自己的心态，顺境时不要张狂，逆境时也不要绝望。话说回来了，如果都像这个乞丐的心态，即使天上掉下的馅饼就掉在嘴边，他也是注定吃不着的。

　　命运和心态是息息相通的，消极的心态可以拒斥财富、拒斥健康、拒斥快乐，使人愁上加愁，苦中添苦，很容易因为追求这样一个愿望，而造成另一个愿望的无法实现，它能使你的人生黯然失色；而积极心态却有着惊人的使人奋进的力量，它能创造财富、创造健康、创造成功、消除烦恼、收获快乐，并且让你的人生充满辉煌。命运是公平的，它从不偏袒富贵，也不鄙弃寒门，它可以让无缘灯红酒绿的人，享受到清澈的蓝天白云……

　　有着乐观心态的人，对于"输赢"这件事总是看得很淡，他们认为"赢"是劳作的结果，无论劳心劳力，"赢"都是心愿的实施，了却了心愿，却难免会失去追求。有个可以让人快乐起来的方法，那就是改变我们思考的重心，试着去想美好的东西。不是抱怨你的学习成绩、你的薪水多少，而是感激你能拥有这个学习、工作的机会；不是期望你能去夏威夷、斐济群岛度假，而是想到你家附近也会有不同的乐趣。

笑看人生中的输赢得失，坦然享受快乐，不是得到的多，而是计较的少。俗话说："你得其利，就得承受负面之弊。"人不可能得到了你想要的，就永远不会失去。你真正能得到的只有人间的亲情和真情，至于权利、金钱、财富都不会永远属于你，它们总有一天会失去。人生中，有太多有形或无形的枷锁，但无论是在什么样的条件下，只要保持一颗平常心，勇敢地面对事实，用乐观向上的心在精神充实自由的世界里汪洋恣肆、自由腾飞，那么收获才会多于损失，开心才会大于烦恼，生命才会拥有真正的快乐。

智慧背囊：

人生路哪能都是顺风快帆呢？一时输赢不代表永远，输与赢在人生中只是短暂的瞬间，唯有凡人的开心快乐、平平淡淡才是最真，才能永恒！人活得就是一种心境，一个心境豁达的人，必定是容易获得快乐的人。

一个心态好的人，在生活中能笑看输赢得失，而不是只看最终的胜负。

不损人，
宽容大度，
创建和谐人生

⑧

　　做人应该坚守内心的原则，坚守心灵深处的高贵，不能因为屈服于压力或贪图物质利益的享受，就轻易妥协甚至出卖自己的良心。当个人的名利和物质利益受到损害，或由于个人利益与他人发生矛盾时，如果能大气大量地退让一步，则不仅不是懦弱，而是一种大忍之心的体现。古人云："退一步海阔天空，忍一时风平浪静。"如果能以宽容之心对待他人之过，就能得到化干戈为玉帛的喜悦，就会使自己的生活变得更加精彩。

在人生的道路上，人们往往拿得起，对于放得下却总是不能释怀。人生的道路上，拿得起放得下是要我们敢于抛弃一切生活的累赘，面对困苦艰难，不要萎靡不振，要敢于去挑战挫折，把一切不如意都置之度外。

能屈能伸尽显豪迈之气

人们常说要拿得起，放得下。说起来是那么轻松，可是付诸行动时，"拿起"容易，"放下"却很难。"放得下"是指一个人的心理状态，遇到"千斤重担压心头"时能把心理上的重压卸掉，使之轻松自如。要想有一种积极健康的心态，就要拥有"拿得起放得下"的豁达做人理念。

[放下是一种睿智]

在生活中，不顺心的事十有八九，要想做到时时顺心，就要做到放下。

放得下是一种良好的心理状态与处世哲学，就算遇到"千斤重担压心头"时，也能把心理的重负卸掉，使自己过得轻松。

在人生的道路上，选择的艰难不在于"拿得起"，而在于"放得下"。然而，在现实生活中，一个人拥有的越多，就越难放下，这可能是世人常犯的通病。

这是一个值得人们深思的故事。在艾尔基尔这个地区，经常会有山里的猴子跑到农田去祸害庄稼，其实它们的目的很简单，无非是想储备一点粮食。对于这种情况，艾尔基尔这个地区采取了一种捕猴子的方法，就是农民们在家门口放一点米，诱惑猴子来拿。最奥妙的绝密在于，盛米的容器非常独特。那种瓶子的口很大，但瓶颈极细，一个猴子的爪子张着的时候可以伸进去，一旦它攥上拳头就出不来了。这个瓶子里装着大把大把诱人的白米，猴子们夜里来偷米的时候，把它细细的爪子顺着那个瓶颈塞进去，抓起一把米的时候就出不来了。如果这个时候把米放下，爪子就能出来，但是没有一只猴子愿意这么做。这么多年来，世世代代相传，用这种细口的瓶子装米，每天晚上都可以捕到很多猴子，早上起来会看见一只只猴子坐在那里，手里抓着一把米，在跟那个瓶子较劲，但是就是出不来。

你可能会嘲笑猴子：只要把手里的东西放下，不就可以全身而退了吗？为什么要死死抓住不放，让人捉到它呢？这就叫拿得起，放不下。不要说猴子，就人类而言，也常常是拿得起，放不下。

"放下"说起来容易，做起来难。有的人追求功名，有的人追求利益，有的人追求权位，有的人追求爱情。在追求的过程中，人们往往都不愿意放下一些东西。却不知道，一个人拿得起是一种勇气，放得下是一种肚量。放下是一种睿智，它可以放飞心灵，可以还原本性，使人们享受人生。

[放得下，才拿得起]

拿得起放得下，是说一个人的心胸广阔，既勇于经事，能承担责任，又能够承受住因困难所造成的失败。只有放得下，才能拿得起。没有放下，只是一味地拿起，往往会失去更多。

有时候，放下会使你显得豁达豪爽，会使你赢得众人的信赖，会使你变得更加精明，更有气度，更具力量。

但凡做大事业的人，都不会计较一时的得失。他们都知道该何时放下，该如何放下，放下一些什么。懂得放下，就可以轻装前进；懂得放下，就可以摆脱烦恼和纠缠，使整个身心沉浸在轻松悠闲的宁静之中。

每个人命运的主宰，其实就是我们自己。如何做人，学习做人的主动权都掌握在自己手中。只要勇于克服人性弱点，拿得起放得下，我们就可以追求完美和辉煌的人生，达到成功的彼岸。

生活中，人们常常会遇到一些不顺心的事，如失恋、误解、做错事受到别人的指责……这时，有些人在心里总解不开，放不下，往往会感到很累，天天无精打采，不堪重负。所以，很多时候要学会"放下"。只有放得下，才能拿得起，千万不要太过执着，使自己背上沉重的包袱，压得自己喘不过气来。

其实，生活中不愉快的事情有很多，我们没有必要把它们挂在心上，要知道人生没有一帆风顺，更没有跨不过去的坎，多一些宽容，大度一些，挥挥手，笑一笑。只有经历生活的磨砺，才会有所收获！

泰戈尔说过一句话："世界上的事最好就是一笑了之，不必用眼泪冲洗。"人生在世，就要学会放得下。放下失恋的痛楚，放下屈辱留下的仇恨，放下心中所有难言的负荷，放下费尽精力的争吵，放下对权力的角逐，放下对虚名的争夺……放下这些，就会获得另一番风景！

法国哲学家、思想家蒙田说："今天的放弃，正是为了明天的得到。"所以，在生活中，我们只有懂得放得下，才能拿得起。

[放下——处世之真谛]

佛家说，人生最大的幸福是放得下。在这个世界上，为什么有的人活得轻松，而有的人活得沉重？一个人如果能拿得起，放得下，就会活得轻松、快乐；如果拿得起，却放不下，就会活得沉重。所以说，人生最大的选择就是拿得起，放得下，只有这样，才会活得轻松而幸福！

在人生的道路上，或是鲜花，或是掌声，有处世经验的人大多是等闲视之，屡经风雨的人更有自知之明。在遇到挫折或灾难时，能不为之所动，坦然承受，这就是恢宏的胸襟和肚量。

伟大哲学家狄更斯说："苦苦地去做根本就办不到的事情，会带来混乱和苦恼。"拿得起，实为可贵，放得下，才是人生处世的真谛。

有一个叫秦裕的奥运会柔道金牌得主，在连续获得203场胜利之后突然宣布退役，那时他才28岁，因此引起很多人的猜测，以为他出了什么问题。其实不然，秦裕是明智的，因为他感觉自己运动的巅峰状态已是明日黄花，而以往那种求胜的意志也迅速落潮，这才主动宣布撤退，选择当教练。应该说，秦裕的选择虽然若有所失，甚至有些无奈，但从长远来看，却是一种如释重负、坦然平和的选择，比起那种硬充好汉者来说，他是英雄，因为他毕竟是消失于人生最高处的亮点上，毕竟给世人留下的是一个微笑。

在生活中，人们往往被自己的欲望搞得乌烟瘴气，手中的东西不想丢掉，却又要拿起更多的东西，到头来什么都得不到。

生活中，人们就是因为放不下，才有诸多的麻烦。有的人喜欢坚持"矢志不渝"的思想，守着最初的道路不放，如果你坚信这条路是正确的，可以坚持原则；如果从实际出发，认为有悖原理，就应当毫不犹豫地退回来，去寻找其他的路，这才是明智之选。

有人说，苦苦地挽留夕阳的，是傻子；久久地感伤春光的，是蠢人。什么也不愿放下的人，常会失去更珍贵的东西。拿得起，固然可贵，放得下，才是人生处世的真谛，这是亘古不变的真理。

智慧背囊：

人生在世几十年，做人就要拿得起，放得下。拿得起在于不要随波逐流，保持着自我；放得下在于通达世故，使自己免于伤害。只有放得下，才能将拿起的东西更好地握住，才能抓住最重要的东西。只有这样，你的人生才会有一个更美好的结局。

俗话说："害人之心不可有，防人之心不可无。"这句话历来被人们奉为至理名言、处世之道。可说起来容易，做起来却很难。古往今来，有多少人能够真正地理解、做到呢？但这句话同时也印证了一个道理：害人者，终将自食其果。在给别人使绊的同时，也为自己埋下了祸种。因此，我们应该时时刻刻警示自己，不要有害人之心，做一个坦坦荡荡的人。

君子以坦荡，害人之心不可有

在现实生活中，有一些人就是看不得别人比自己强，如果有谁比他强，他就会想方设法找别人的茬，从中作梗，让别人活得比他还痛苦。可是，他却不知在给别人制造麻烦的同时，隐患也会悄悄地找到自己。

[害人者，自食其果]

为了得到自己想要的东西，有的人会不惜一切、不择手段去陷害他人，从而达到自己的目的。使坏心眼，使别人身陷困境，而在一旁看笑话，这样的人不用太得意，总有一天会得到报应。

在很久以前，有俩兄弟父母早亡，从此相依为命。后来，哥哥娶了个媳妇，这个女人心眼极坏，总是百般刁难小叔子，凡是家里的脏活累活都让小叔子一个人干，而好东西则留着两口吃。

在这样的生活环境下，小叔子只能忍气吞声，将就着过日子。老二也长大了，娶了媳妇成了家。这时，嫂子更是容不得小两口跟着他们过，就与丈夫合计与老二两口子分家，分给老二家一些破罐子破碗，旧衣烂被，还有一间破草房，就这样把小两口打发出去了。

到了春耕的时候，老二家没有种子，只得向哥嫂借。可恶的嫂子耍坏心眼，夜里将借给老二家的一斗高粱种放在锅里给炒了！由于老二不知道，就高高兴兴地将借来的种子播到自己的田里。可一大片地只有一棵苗子，要不是老大家把锅台上的种子扫进去，就连这一棵也没有。不过这棵高粱苗长得出奇的大，到秋收的时候，老二就拿锯来锯。突然刮起了大风，把他刮进了一个山洞。山洞里有一个白胡子老道，老二刚要上前打听，老道就说："年轻人，你什么都不要说了，我知道你来是为了追回你的高粱穗，我看你就别要了，我收下你的高粱穗够我吃上一年半载的。"

老二说："你吃上一年半载，可我们吃什么呀？再说，我还得还嫂子一斗高粱啊！"

老道说："来来来，年轻人，先别理论，我请你吃饭，等吃完饭我送你一件宝贝，保证你吃穿不愁，还能还清你嫂子的债。"

老二将信将疑地坐在老道的对面。这时，老道从怀里掏出一个闪闪发光的金银棒，一端金色，另一端银色，同时还有一件闪闪发光的小盘子。老道左手端盘，右手拿棒，口中念念有词："敲敲金银棒，酒菜一起上。"一眨眼的工夫，满桌酒菜呈现在他们面前。"敲敲金银盘，茶饭端上来。"转眼间，热腾腾的大馒头和香喷喷的菊花茶就上来了。

老二惊得目瞪口呆，世间竟有这么神奇的宝贝！

这时老道又发话了："年轻人，这就是我要送给你的宝贝，赶紧吃饭吧，吃完就可以带上它回家了！"老二一听激动极了，三下五除二就吃完了。

临走时老道告诉他，这件宝贝只听从心肠好并且勤劳能干的人使唤，不到关键时刻不要轻易使用。

老二带上宝贝飞奔回家，把这喜讯告诉了媳妇，媳妇还不信呢！老二就当场做实验："敲敲金银棒，送来一斗好高粱！"唰！一斗高粱就出现在他们的八仙桌上。看到这种情况，两口子高兴极了！高兴之余，首先想到的是还债，等傍晚天黑时，老二端着那斗高粱去还嫂子。

嫂子怀疑是老二偷来的高粱，没有办法，老二只好把实情告诉了嫂子。哥嫂听说老二家有这么个宝贝，就想看看。拿在手里看过之后，他们就不想还了。

老二要不回来，就奉劝哥嫂："这件宝贝不能轻易用，只有关键时刻才能用。你们过日子不能光靠它，还得靠自己的双手。"说完就回家了。

这老二前脚走，老大后脚就插上门，开始敲起来："敲敲金银棒，酒菜一起上！"哗！他家的锅碗瓢盆全部打得粉碎，两口子顿时目瞪口呆。"敲敲金银盘，新房盖起来！"哗啦啦！自家的所有房屋都倒塌了，并将这两口子活活压死！

善恶必报是天理，害人终将害己。心术不正，对人使坏，自己也难逃天网，受到惩罚是必然的。孔子说："己所不欲，勿施于人。"一个人只有善待他人，坚守道德，才是保护自己的有效方法。

智慧背囊：

生活中，不要总想着给别人使绊，因为在给别人使绊的同时，也会伤害到自己。聪明反被聪明误，就是这个道理。自以为给别人使绊就可以随心所欲了，但事实并非如此，要知道天理昭彰，善恶必报，伤害了别人，报应是迟早的事。所以，我们在做人处事时，一定要诚实，脚踏实地，从而才会拥有快乐的生活。

在现实生活中，有的人就是要事事争个明白，大有不争明白不罢休之势。可是这种做法往往会使自己陷入绝境，做人没有人缘，办事办不成。其实，人与人之间本来就存在着各种差异，出现矛盾也在所难免。聪明的人总会懂得求同存异，大事化小，小事化了，不与人争执。这样不仅给人以好感，而且一些难办的事也会因此而好办。

求同存异好办事

[与人较真，带来祸害]

人生本来就是真真假假，是是非非，说不清道不明的。抱着一颗包容的心去对待身边的人和事，就会过得快乐、开心。如果你非要争个明白，最后恐怕吃亏的还是你自己。

在意大利卡塔尼山的叙拉古郊外有一块墓碑，考古学家认为，这可能是柏拉图为他的学生托比立的。

碑上刻有碑文，意思大概是这样的：托比从雅典去叙拉古游学，经过卡塔尼山时，发现了一只老虎。进城后，他对别人说，卡塔尼山上有一只老虎。城里没有人相信他，因为在卡塔尼山从来没人见过老虎。托比坚持说见到了老虎，并且是一只非常雄壮的虎。可是无论他怎么说，就是没人相信他。最后，托比只好说："那我带你们去看，如果见到了真正的老虎，你们总该相信了吧？"托比为了证实自己所说的是真的，就带领着人去了山上。

这时，柏拉图的几个学生就跟着上山。但是把整个山转遍了，连老虎的一根毫毛都没有发现。托比对天发誓，说他确实在这棵树下见到了一只老虎。跟去的人就说："你的眼睛肯定被魔鬼蒙住了，你还是不要说见到老虎了，不然城邦里的人会说叙拉古来了一个撒谎的人。"

托比很生气地回答："我怎么会是一个撒谎的人呢？我真的见到了一只老虎！"在接下来的日子里，托比为了证明自己的诚实，逢人便说他没有撒谎，他确实见到了老虎。可是说到最后，人们不仅见了他就躲，而且背后都叫他疯子。托比来叙拉古游学，本来是想成为一个有学问的人，现在却被认为是一个疯子和撒谎者，这实在让他不能忍受。为了证明自己确实见到了老虎，在到达叙拉古的第十天，托比买了一支猎枪来到卡塔尼山。他要找到那只老虎，并把那只老虎打死，带回叙拉古，让全城的人相信他并没有说谎。

可是这一去，他再也没有回来。三天后，人们在山中发现一堆破碎的衣服和托比的一只脚。经城邦法官验证，他是被一只重量至少在500磅左右的老虎吃掉的。托比在这座山上确实见到过一只老虎，他真的没有撒谎。

托比没有撒谎，但是他为了跟人争个明白，结果把自己的性命丢掉了。如果他不去向人们证明他是对的，或许就不会发生这种悲剧了。

人活在这个世界上，有很多事是无法预料的。只要我们遵守规律办事，就可以避免悲剧发生，无论是自然界的，还是人与人之间的交往都是如此。不必凡事都要争个明白，放下心中的那份"执着"，我们的生活就会变得更加美好！

[争辩之中，学会放下]

有时候，人们不必事事都要争个明白。对于一些事，该放下的就应该放下，不要自寻烦恼，给自己的生活带来不必要的麻烦。放下往往会使得心情更为轻松、愉快！

与人相处时，难免会遇到一些误解和摩擦。这时候，不要为了一点点小事就大动干戈，非得争个你死我活才罢休。你不妨试想一下，即使你当时赢了，又能怎么样呢？别人就会因为这个对你另眼相看吗？相反，大家会觉得你是一个不给他人留余地，不尊重他人的人，因此事事提防着你。同时，还会对你记恨在心、耿耿于怀，这样你就会在无意中失去真正的朋友，而树立许多敌人，这会给你以后的生活、工作带来诸多不便。

当两个人发生争执时，每个人往往都是坚持自己的想法或意见，无法将心比心、设身处地地去考虑别人的想法。不懂得站在别人的立场为他人着想，发生冲突与争执就在所难免了。在遇到情况时，如果能够善解人意，不单单考虑自己是对的，而是先站在别人的立场上考虑，那么，很多冲突与争执就可以避免了。

当遇到一些情况时，最重要的是要用理性的方法处理。放下心中的愤怒，等到平静时再处理，就会有另一番情景。当我们摒弃个人的成见，不在社交场合为区区小事争斗，不为炫耀自己而贬低他人，发扬一点忍让精神，对许多事情进行冷处理，摆脱互相之间无原则的纠缠和没有必要的争执，不计较一切无损大局的事情，不仅不是懦弱的表现，反而会让人对你产生一种敬佩之意。

学会放下，就会有更多意想不到的收获，如宽厚、真诚、荣誉、高雅等。放下是一种境界，放下会让我们的生活变得更加美好。

智慧背囊：

凡事太较真，就会使自己无形中背上枷锁，体会不到生活的乐趣。如果想轻松、快乐地生活，就应该学会放下，不要让繁琐的事干扰你的生活，过自己想过的生活，做自己想做的事。最关键的还是要放下心中的包袱，心灵上的轻松才是快乐的源泉！

当人们提到"放弃"这个词时，往往会和无能、失败联系在一起。但是如果你仔细想一想，或许就不会这么说了。有时候，放弃不等于输，相反，是为赢提供机会；放弃并不是懦弱，但它需要勇气；放弃也不是失败，它是在为成功奠定基础。在现实生活中，学会在适当的时候放弃，才是一种大智慧。

把握时机，勇于放弃

一个人要善于把握时机，勇于放弃，准确选择。我们指的"放弃"并不是患得患失、见异思迁、随波逐流，而是寻求主动、积极进取、变通的选择，有时候放弃能赢得先机。能够恰到好处地放弃，是人生战略性的调整，之后迎来的就可能是轻松心境和无穷力量。在人生中要知道应该坚持什么，何时应该抓住什么，何时应该放弃什么，这才是最重要的。

[放弃赢得机会]

放弃并不是无目的的放弃，而是有所准备的放弃。放弃是指为了长远的、远大的目标或利益而放弃眼前的一点小利益。学会放弃，就要学会拿得起，放得下。放弃并不等于丧失，而是为了更好地拥有。

生活犹如万花筒，只要懂得适当放弃，就会赢得机会。条条大路通罗马，通向成功的道路并不是只有一条，只要选择得当，就能够取得成功。放弃也是一条通往成功的路，所以，我们要学会放弃。

有三个商人带着开采了十年的金子跨越海洋回国，不幸的是，他们遇到了暴风雨。一个商人为了保住辛辛苦苦开采的金子，被大浪吞没；而另一个商人也不忍心放弃自己辛辛苦苦开采的金子，但是为了能够保住命，他只放弃了一部分金子，最终也与船同归于尽；最后一个商人则放弃了船上的金子，找到一个救生艇逃离了危险。过了一段时间，那个生还的商人带领着船队，来到当年出事的地方，把那三条装金子的货船打捞了出来，于是，那个商人拥有了三个人的财富。

这个故事告诉我们，要想取得成功，要想有所建树，就必须学会放弃。如果最后那个商人不选择放弃船上的金子，他也就不会有生存的机会，也不会得到三个人的财富。所以，在人生中，我们必须学会放弃。

在生活中，很多时候人们必须学会放弃！身处十字路口，我们必须放弃一条路，因为一个人不可能同时踏入两条道。当鱼与熊掌不可兼得时，我们必须得学会放弃鱼或者熊掌，放弃不属于自己的，选择自己所需要的。人生就是一个不断放弃而又不断获得的循环往复的过程。我们放弃了团聚，便有了千里之行；我们放弃了侥幸，便有了事业的成功；我们放弃了安逸，便有了精彩的人生……放弃已经超越了失去的含义，升华成了一种生存的艺术。当你懂得了这一门艺术，你就会登上人生的更高层。

[放弃是赢得成功的关键一步]

千头万绪的生活，让人们无从着手。遇到这种情况时，有的人关起门来，让痛苦漫无边际地扩大，从而陷入不能自拔的境地，久而久之，人的意志就会消沉下去。有的人在面对困境时，并不气馁，而是及时调整，适当放弃，重新选择，从而很快从不幸或失意中走出来，信心百倍地投入到新生活中。学会放弃，选择最适合自己的道路，才可能取得成功。

19世纪中叶，美国加利福尼亚州一带出现淘金热，17岁的农夫亚摩尔也去碰运气。然而，后来他却因为放弃淘金而发了大财。放弃淘金的原因很简单，因为亚摩尔发现金矿区气候干燥，找金子的人最痛苦的就是没有水喝。亚摩尔想，如果我卖水给他们，或许能赚到比挖金子更多的钱。于是亚摩尔开始挖渠引水，引来的水经过过滤之后，变成了清凉可口的饮用水，受到淘金者的欢迎。很快，亚摩尔就成了当地的富翁，而那些淘金者依旧在辛苦地挖金子。

放弃是人生中时时要面对的清醒选择，学会放弃才能卸下人生的种种包袱，轻装上阵，度过风风雨雨，安然地等待生活的转机。懂得放弃，才能拥有一份成熟，才会活得更加充实、坦然和轻松。

学会放弃，能让人在思考与正视中分辨真与假；学会放弃，能让人在处理事情时掂量轻与重；学会放弃，更能让人分清黑与白。放弃是美好的，逝去的事物就让它逝去吧。放弃是对心境的宽松，是对心灵的滋润。驱散了乌云，清扫了心房，给生活带来阳光明媚，会使你的心境爽朗开阔。

当工作失意时，与其抱怨，不如学会放下，拿起书本，执起笔杆，不断充电学习，提高自身素质，去迎接更大的挑战，也许明天会更好；当感情失落时，与其悲伤落泪，不如把痛埋在心底，留下最美的回忆，说声再见，让彼此都能有个更轻松的开始，去寻找各自感情的归宿。人生苦短，年华难留，有时就要学会放弃。放弃是一种理性的表现，也是一种胸怀，更是一种心灵的升华。我们应当积极地面对生活，放眼将来。学会放弃，朝着我们的奋斗目标而努力，就会有另一番收获。

智慧背囊：

人生漫漫，每一个人都想拥有一切，当面对诱惑时，人们不曾想过放弃。梦越多，人生也就越虚幻，追逐的太多，也会给人以累赘。总羡慕别人的洒脱与自由，也妒忌别人那份笑对一切的心境，而这一切都是因为别人学会了放弃。放弃给人以淡然，放弃给人以冷静，放弃给人以思考。当你学会放弃时，你就会拥有更多！

人生在世，人们不可能不与外界的人或事联系。人与人之间在交往过程中，就免不了出现纠纷。无论是朋友间的误解，还是为了某事某物而产生的猜忌，都会使纯洁的友谊变得黯然失色，因为猜忌是友谊的毒药。只有放下猜忌，才能赢得长远的友谊。

人际交往最忌猜疑

猜忌是友谊的毒药，它可以让人们失去朋友，变得孤单。如果想获得真正的友谊，就要放下猜忌。在交朋友时，每个人都诚心相待，友谊才能天长地久。真正的友谊是没有猜忌的，也没有迟疑，有的只是为了对方着想，用自己的真心来温暖朋友渐冷的心，同时给对方以信念、鼓励和支持。

[猜忌是人际交往的毒药]

在生活中，猜忌是存在于人与人之间的慢性毒药，它的杀伤力比任何武器都厉害。猜忌不是一时之间产生的，而是日积月累的不信任构成的。当猜忌出现时，可千万不要小看它，往往是它把人伤得体无完肤。

一个人生活在猜忌中，就如同生活在地狱里，没有明媚的阳光，没有生活的激情，没有生命的活力。因为猜忌，让人们不敢再相信自己的眼睛。人们总是猜忌别人在讲自己坏话，或在暗中贬低自己；猜忌配偶与异性有不正当男女关系；猜忌配偶私存小金库或有别的隐私；求人家办事又怕人家办不好或不实心实意去办，办完事也无感谢之意；疑人偏要用，用人反生疑等，这一切都是猜忌心理在作怪。猜忌让人们不再相信世上还会有真正的感情存在。

其实，每一个人都渴望得到一份真挚的感情。正是由于猜忌，才会有如此不该有的麻烦。要想获得真诚，就必须克服猜忌这一心理障碍。只有放下猜忌，以平和宽容的心态对待别人，才能加深与身边人的感情，建立起信任。有时候，得到一份真情并不是一件困难的事，关键要看你怎么对待别人。

[放下是一种超脱]

生活中，许多人往往因为一个误会，而解除了与好友的一切关系。猜忌给人们带来的痛苦，让人无法用语言形容。要想获得真正的友谊，行之有效的办法就是放下。

只有放下猜忌，才能获得因猜忌而失去的一切。不管在任何时候，放下都是一种超脱。

要想放下猜疑，就要对它有所认识。对它有了清醒深刻的认识后，才能从内心将它消除。

生活中，有些人无端猜疑他人，貌似无端，实则有端，猜疑源于人们褊狭的私心。疑心过重的人，总怕别人争夺自己的所爱、所求、所得，怕别人损害自己的利益，整日疑神疑鬼，顾虑重重，你对别人不放心，别人又怎么会信任你呢？虽说防人之心不可无，但是时时提防、处处疑心，身边的人又怎么敢与你交往呢？

事实上，每个人都有疑心，疑心是人在社会生活中保护自己的正常心理活动，但疑心的程度却有轻重，过于多疑和过于敏感却不属于正常现象。

一个人表现得敏感多疑，源于心理不健康。多疑的人心胸狭隘，斤斤计较，患得患失。与人交往时，总认为别人是坏人，所以朋友很少，更无知心朋友。由于心理不健康，多疑的人通常会生出许多事端，给自己制造一些麻烦，事后又常常后悔不迭。东汉时期的名医华佗说过一句话："多疑也是病。"多疑是一种心理疾病，对人的身心健康危害很大。

放下猜疑，首先要加强自身的思想修养，使自己心胸开阔。为人处世时应多些平和淡泊，多看别人的优点，多些仁爱宽容。遇事看得开，少钻牛角尖，要保持宽阔的胸襟，眼界放长远。

放下猜疑，要善于打开自己内心的"天窗"，增加心理的"透明度"。如果遇到纠缠不清的事情，不要把疑虑闷在心里，应及时向家人或朋友敞开心扉，多沟通，多倾诉，使心中的疑虑得以化解。这样不仅能减轻自己的心理压力，和他人的关系也会越来越亲近，猜疑自然就会远离你的生活。

智慧背囊：

相信别人是一种美德，相信别人就是解放自己。如果想获得真正的友谊，就要放下猜忌。不猜忌对方，给对方留有足够的空间，就不会产生误会，就会看到彼此心中期盼的友谊，就会把失落变成欣慰！只要放下猜忌，心中才会明亮起来，生活也会充满色彩！

人与人之间在交往的过程中，不可避免地会出现纠纷、摩擦，在邻里之间更是存在这样的问题。中国有句格言："远亲不如近邻。"这句话道出了邻里关系的重要性。"邻里好，赛金宝"，邻里之间犹如唇齿相依，易于接触。只有团结互助，相互礼让，才会家家兴旺，事业发达；"邻里吵，不得了"，如果与邻为敌，互不相让，甚至大动干戈，往往会两败俱伤。如果处理不好邻里之间的关系，就会直接影响到个人的生活。

相互礼让方能双赢

"让他一墙又何妨"，说的就是邻里为了争夺住宅多少而引起的事端。明事的邻里就往往选择相互礼让，使事端平息。毕竟有"远亲不如近邻"，只有邻里之间相处好了，才会有互帮互助，对彼此的生活都是一件幸事。

[攀好邻里这门亲]

邻里之间难免会产生一些纠纷，出现纠纷时彼此应多一些宽容，多一点谦让，以和为贵，化干戈为玉帛。在人们的生活中，常常遇到这样的情况，因张家鸡叨了王家麦、李家猪拱了赵家地之类的小事而起纷争，因气使性，动辄争吵、打架斗殴，甚至还闹上公堂，实在是不应该。

清朝乾隆年间，在外地做官的郑板桥忽然收到弟弟郑墨的一封来信。原来，在老家务农的弟弟想让他出面到当地县令那里说情，弄得郑板桥很不好意思。但是他又清楚，弟弟不是好惹是非的人，这次明显是受人欺侮，不得已而求之。原来，郑家与邻居的房屋共用一墙。郑家想重修旧屋，邻居出来干预，说那堵墙是他们祖上传下来的，郑家无权拆掉。其实房契上写得清楚，那墙是郑家的，邻居借光盖了房子。这官司打到县里，尚无结果，双方都难免求人说情。郑墨自然想起了做官的哥哥，想到有契约在，再加上哥哥出面说情，这官司一定会胜诉。然而，郑墨没有想到，哥哥在回信中劝他息事宁人，同时寄了一条幅，写着"吃亏是福"四个大字。

郑板桥的弟弟郑墨接到信后，感到非常惭愧，当即撤诉，向邻居表示不再相争。邻居也被郑氏兄弟一片至诚所感动，也不愿再闹下去，于是两家重归于好，仍然共用一墙。

这个故事告诫人们，钱财乃身外之物，不值得一争。一来既可以显示自己的宽宏大量，又可以获得心灵上的平静和道义上的支持。二来还使得两家重修旧好，共用一墙，实现双赢。这种做法才是事半功倍，两全其美。

"让他一墙"中"让"不等于无能，也不等于低人一等，而是一种胸怀。邻里间出现矛盾，一方应该主动相让。让体现的是一种宽容的胸怀、大度的风格、高尚的情操。而这正是邻里团结的黏合剂。邻里之争，进一步"狭路相逢"，退一步"海阔天空"。选择哪一种生活方式，关键还在于你自己。

"让他一墙"中的"让"是一种修养。邻里之间相互谦让，其乐融融。邻居之间如果都能够多一些互让互谅，多一些宽容理解，高兴事大家一起分享，遇难时大家相互安慰，岂不更加安居乐业？

[邻里礼让，万事兴旺]

在日常生活中，有些邻居常因尺寸之地等一些小事而发生矛盾或冲突，彼此不是互相宽容谅解，而是争得面红耳赤，甚至大打出手。有的因此展开了"持久战"，有的结下了"世仇"。因这一点小事，搞得大家见了面如同见了仇人似的，不仅影响了邻里之间的和睦团结，也给工作、生活带来了痛苦和烦恼。

"远亲不如近邻，近邻不如对门。"在我国古代就非常重视邻居之间的选择，孟子的母亲为了使儿子有所建树，曾经三次搬家，由墓地搬到屠宰场，又搬到学宫旁边，从此，孟子就勤奋学习，成为一代儒家亚圣。可以说，邻里之间关系的好坏，对人们生活的影响是至关重要的。

在邻里交往中，最重要的是互相帮助。平常与邻居碰面时，要主动向对方打招呼，邻里之间能办到的事情要尽量帮忙。在与邻居的交往中，要谦恭礼让、相互尊重、讲信用。处理好邻里之间的关系，只有好处，没有坏处。

人与人之间的交往，常常就体现在邻里之间。邻里之间的交往，就像炒菜时锅铲会碰到锅沿一样，由于种种原因，利益冲突是难免的，纷争也不可避免。有摩擦不要紧，《道德经》说："天地所以能长且久者，以其不自生，故能长生。"意思是天地所以能长久，就是因为它不为自己而活着。《圣经》也说："在一切事上使众人喜欢，不求我自己的利益，只求大众的利益，为使他们得救。"这与我们今天强调的"我为人人，人人为我"是同样的道理。在没有违背做人原则的基础上，"让他一墙"又何妨呢？

智慧背囊：

"让他一墙又何妨"，体现的是一种传统美德。当邻里之间出现小矛盾、小摩擦时，大家不要感情用事，不能因争一时之高低而丧失理智。应该学一学古人，采取宽容、迁就、"让他一墙"的态度。心平气和地忍一时才能迎来风平浪静，潇洒大度地退一步才能欣赏海阔天空，于人于己都方便，何乐而不为？

在这个物欲横流的社会中，因为理想主义的牵绊，似乎我们很难给自己一个准确的定位。因此，人生也变得极度迷惘，太多的人喜欢消极的承认，很少有人去积极的反抗。对权力的崇拜，对金钱的崇拜，对欲望的一再追求，仿佛构成生活中必不可少的因素。这正是理想主义对现实人生的冲击。

分清理想与现实之间的差距

一个理想主义者在追求自己想要的生活，并为之付出代价的同时，也应该思考一个问题，那就是理想与现实之间的差距有多远？

[和谐人际需要放下理想主义]

本杰明·富兰克林说过："成功的第一要素是懂得如何搞好人际关系。"所以，一个人在社会上行走，要想做到无往不胜，处理好人际关系是关键因素之一。人际关系中，有时发生矛盾，心存芥蒂，产生隔阂，个中情结剪不断理还乱。社会是一个复杂的大家庭，如果过分崇尚个人完美主义，那么就只能自己一个人孤孤单单，这样的人生又有何意义？所以，要想成功，就要建立好自己的人际关系，要想有和谐的人际，就要放下理想主义。

日常生活中，我们要同形形色色的人打交道，要承认人与人之间的差别。由于每个人的性格和职业的不同，人们在待人接物、言谈举止等方面也有很大差别。我们应该承认这些差别，不要强求别人处处和自己一样，要尽可能容忍相互间性格和行为上的差别。世界上一切事物都不是尽善尽美的，我们对人不能求全责备。我们更要注意发现别人的长处和优点，表扬别人的同时，对自身也是一种提高。与人相处要互助才能共进，才能使自己轻松快乐地面对工作和生活。

要学会用一颗宽容厚道的心，对待生活中的人或事。"海纳百川，有容乃大"，就是宽容的力量；"水至清则无鱼，人至察则无徒"，就是刻意追求的悲剧。无论在生活中，还是工作和学习中，人们总是喜欢和那些宽容厚道的人交朋友，正所谓"宽则得众"。与人相处，要少一点自以为是，多一些理解与和谐；减少"火药味"，增加人情味。如果处处只为自己着想，让别人的步伐永远跟着自己走，时间长了只会让自己变得更自私。如果有一个宽广的交际网，那么不管你做什么事，都会更如顺畅。良好的人际关系是一笔取之不尽、用之不竭的财富，能让你受用一生。

不要以自己的完美理念去定格别人，因为任何人都不是完美的，每个人都有自己独特的一面。应放弃"理想主义"，去接触身边不同形形色色的人，博采众长为我所用。如此，你便能拥有和谐的人际关系。

[放弃理想主义才能赢得尊重]

一般情况下，理想主义者的情绪相对比较敏感，通常不能理解、体会别人的心情，仅仅凭个人的好恶或价值观来判断事情的好坏，并希望别人以同样的角度或标准来处理问题，从而使得自己失去一个和谐的关系网。放弃"理想主义"，回归自然，用一颗平常心对待每一个人，你会活得充实而快乐。

有位老师让班上每个同学各带个大袋子到学校，并让每个人买一袋马铃薯，大家都认为老师发神经病，或她对马铃薯有特殊的喜好。第二天上课时，老师告诉大家："你们给自己不愿意原谅的人选一个马铃薯，将这个人的名字以及犯错的日期都写在上面，再把马铃薯放到袋子里，这是这一周的作业。"第一天大家觉得蛮好玩的，快放学时，很多同学的袋子里已经有了好多个马铃薯，他们把彼此之间不开心的事都欣然写在马铃薯上放到袋子里，并发誓不原谅这些"对不起"自己的人。

下课时，老师说："在这一周的时间里，大家不管到哪儿都必须带着这个袋子。"同学们扛着袋子到学校，回家，甚至和朋友外出也不例外。一周后，那袋马铃薯就成了相当沉重的负荷，有些人已经装了差不多50个马铃薯在里面。真把大家压垮了，同学们都巴不得这项作业快点结束。一周过去了，老师问："你们知道自己不肯原谅别人的结果了吗？会有重量压在肩膀上，你不肯原谅的人愈多，这个担子就愈重。"对这个重担要怎么办呢？老师问了很多人，可大家都回答不出来，这时老师说："很简单啊，放下来不就行了吗？"

这个世上不存在完美的人，与人相处一定要把心态放平，不要事事追求完美。当与别人有不同意见时，你要做的不是否定别人的观点，而是试着去接受，因为并不是所有的事情都以你的意志而转移，放弃"理想主义"，你会发现你的世界充满了阳光。放下"理想主义"在为人处世中有着巨大的功用，在现代社会中愈发凸现。放下对别人不满怨怼的同时，真正放下的是你自己，你在卸下重担的过程中还会赢得尊重。放下你的"理想主义"，将为你迎来一个和谐的人际网。

智慧背囊：

理想对应着现实，理想主义是现实主义的对手。现实是残酷的，一味地追求自己所谓的理想主义，就会不小心忽略了身边本属自己的美好事物。因此，我们不如放下累人的"理想主义"，轻松自然地生活，接受别人也放下自己，从而建立和谐的人际关系！

不执着，
谋略得当，
赢得职场胜利

●

⑨

    为什么有的人能在工作中如鱼得水，屡创佳绩？而有的人在职场中唉声叹气，进退维谷？在竞争激烈，求职越来越难，工作压力不断增大的今天，掌握了克敌制胜的职场智慧，就掌握了步步领先的制敌先机。职场中风云变化，斗智斗勇，与对手过招要做到知己知彼，谋略得当。而要做到这一点，就必须学会如何取舍和放下。以"放"为对策才是智慧的谋略，"放"对方一马，不仅能为自己争取先机，还会赢得对手的尊重。

放弃并不代表懦弱，相反，放弃是一种理性的表现，是一种善良的选择。握在手里不代表真正拥有，选择放下不代表没有获得。夕阳易逝，花有开有落，生活有甜也有苦，所以对万事万物不必患得患失，幸福的人懂得超脱，懂得放弃！

放弃也是一种机会成本

安然一份放弃，固守一份超脱，不管红尘世俗如何变迁，不管个人选择方式如何，我们要勇于面对，敢于放弃，虽伤感却也欣慰！

[放弃是一种机会]

生活中有太多美好的东西，面对各种各样的诱惑，我们不妨放聪明一点，学会放弃。放弃也是一种机会成本，只有我们懂得舍弃，才能拿起。如果我们不懂得放弃，什么都不想放弃，机遇就会从我们痛苦的选择中流失，我们将一无所有，那又如何让梦想成真呢？

一位年轻男孩喜欢做计算机网络，在家常常对着电脑足不出户，但是由于他读书不用功，所以只进了一家职业学校。还好，学校答应培训完给他找一份不错的工作，为此男孩的父亲也了结了心愿。

有一次，男孩无意看到了一家知名跨国公司正在招聘计算机网络员，于是前去应聘。这家公司对男孩的水平很感兴趣，想邀请他来这里上班。男孩深知这家公司的实力，他们的产品可以说在市场上十分走俏，看着公司给予自己的肯定，男孩当然很高兴，自然也十分愿意到那里上班。

不过男孩的职业培训也接近了尾声，如果真要到这家公司上班，那么他一年的培训就白费了。男孩是那种付出了就想得到回报的人，父亲看着儿子为此发愁的样子就笑了，他悄悄从冰箱拿出刚买的两个大西瓜，对男孩说要跟他做一个游戏。

游戏的规则是把这两个大西瓜放在地上，要先抱起一个再抱起另一个，而且只能用一只手。男孩眼睛瞪得圆圆的，一筹莫展，心想，抱一个已经够沉的了，怎么抱第二个啊？他就问父亲："你怎么把第二个抱起来？"

父亲叹了口气说："你为什么不试着把抱起的那一个放下，再去抱另一个呢？我又没说让你全部抱起来。"男孩明白了父亲的用意，也明白了自己该怎么做。第二天，他放弃了一年的职业培训来到了公司上班，从此开始为自己的梦想努力奋斗。

放弃并不代表你从此就一无所有，而是为了另一个生活的开始。不懂得放弃的人，到最后往往两手空空。

放弃是一种解脱，放弃是为了向无法挽回的事情告别，虽然伤感，但却伤感得美丽，与其握在手中痛苦，不如洒脱一点，用微笑留下一种美丽的回忆，为勉强拥有的这份美丽找到一份安心与解放。

没有人是因为守住一件东西而来到这个世界的，而是为了这件东西更加珍惜生命，如果能够得到，那么就满怀感激，如果得不到，那么就果断放弃吧！

[放弃也是一种智慧]

放弃包含着许多学问，放弃不是随随便便的放弃，放弃也要动点小聪明，要点小计谋，这样你的放弃才会有价值。

有一次，电视栏目组的人要开展一个娱乐节目，内容是数钞票，规则是拿出一大沓钞票，里面有大小不一的各类币种，按不同顺序杂乱重叠着，在规定的3分钟内，让现场的四名观众进行点钞比赛，谁数得最多，而且数目最准确，那么他就可以获得自己刚刚数得的现金。

这个规则一宣布，很快引起了大家的关注，所有的观众都想上去试试，后来挑选出了四个人参加比赛。在这四个人中，有三个人为了获得更多的钞票，不管自己能不能数，光挑钱多的数，只有第四位，他看着那些厚厚的一沓钞票，从容地挑选很薄的一叠开始数。

台下的观众都笑他傻，数那么点能得到多少啊？结果很快出来了，前三位数得千元大钞，可是他们所数钞票数目与实际数目却有所不同，不是多计了100元，就是少数了5元或者10元，所以他们都不能获得刚才数的现金，这三个人只能望钱空欢喜一场了。只有第四个人赢得了这场比赛，他才数了几十块钱，虽然数目少，但是一分也不少，一分也不多。

看到这个结果，所有人都沉默了，继而全部欢呼起来，为这个懂得放弃的聪明人大声鼓起掌来。

面对那些诱惑，任何一个人都会动心，但是这些诱惑会让你忽略自己的价值，使你无法正确认识自己，如果你盲目去追求这些不切实际的东西，结果只会为了那差之毫厘的失误丢掉一切。

放弃虽然痛苦，但是放弃过后生活便会充满阳光。放弃需要勇气，需要果决，如果你学会了放弃，那么你也就学会了怎样生活。其实，放弃就是一种经营策略，是一种生存之道。

[放弃是为了突破自我]

世上没有人免得了凡尘俗事，没有人离得开欲望，因此，我们在这种矛盾中要学会放弃，只有放弃才能得到更多。每个人都要明白，放弃不是一种牺牲，而是一种重生，一种希望，一种寻得幸福的捷径，只有懂得放弃的人，才能真正了解自己，进而改变自己的不足，勇敢面对，挑战自我，突破自我！

朱诺是一个高尔夫球天才，在十几岁的时候就夺得过全国比赛冠军，所有的人都很看好他，一度认为他将成为又一个运动球星，他的朋友、家人、亲戚都关注着他，可是就在这鲜花赞扬中，他失踪了。

他放弃了高尔夫球，投入了世界大战之中，成为一名保国抗战的军人。在一次丛林战役中，他们部队所有战士全部阵亡，只有受伤昏迷的他还有生存下来的机会。后来他被人救起，复员之后回到了自己的家乡，没有任何技能的他，只能每天在家里练习高尔夫球，可是巨大的心理阴影让他根本不敢面对赛场。

他不知道自己怎么会走到今天的地步，他不懂为何放弃中有着那么多沉痛与无奈，但是他的放弃让他明白了高尔夫才是他的一生伴侣，才是他为之拼搏的动力，现在他打不出那种好球，并不是因为自己的球技不好，而是自己放不下那些死去的同胞，放不下那场惨烈的战争。

朱诺为此陷入了深深的痛苦中，几次把自己关到屋里，蹲在角落里问自己活着到底是为了什么，什么都没有了，可是为什么还要这样苟且地活着。他的父母不知道该怎样去安慰他，他的朋友不知道该怎样跟他诉说。

就在朱诺苦恼无助的时候，一位先生走入了他的生活，告诉他："放弃不是为了让你在这里忍受煎熬，而是让你变得更加坚强。你是高尔夫的忠实者，只有忘掉一切，把高尔夫看成你的命，打球的时候，不要去想任何东西，你就能赢得一切。"

朱诺听到这些话，他懂得了生活的意义，并认为为过去的痛苦活着是一件很愚蠢的事，该面对的还是要面对，该拼搏的还是要拼搏，为此他擦干泪水，把痛苦深埋心底，专心地投入到高尔夫球的比赛中。比赛场上，他用必胜的信念支撑自己打完一个又一个球。他专心致志地打球，不去想任何事情，心中和眼中只有自己、球杆，以享受比赛乐趣的态度去打球，不去计较输赢，他打的球赢得了所有人的好评，取得了前所未有的胜利。

这个故事告诉我们，只有懂得放弃的人，才会努力做好自己的本分工作，才能专心致志地对待自己的人生，才能突破自我。

放弃的反面就是机会，选择了放弃就等于拥有了机会，敢于放弃的人能得到一切，不懂得放弃的人只能欢喜一场。放弃不是半途而废，也不是功亏一篑，放弃是为了谋求更大的发展空间，是为了突破自我，以退为进尽显个人魅力。

智慧背囊：

放下是一种心态，面对无法解决的问题时，不妨试着放下。执着固然是好事，追求也没有错，但是错在了这份执着偏离了人生轨道，是一种徒劳无功的执着，是一种唾手可得却始终差之毫厘的执着，这一份执着到最后只能给你带来痛苦与无奈。大智者选择放弃，放弃比执着更能修身养性，更能快人一步获得成功。

做事要有张有弛，做人要顺其自然，生命本就脆弱，不必为明天的事急于奔波。每个人的明天都要靠自己去创造，但是却没有必要一天就干完一生的事情。要学会以平常之心做该做的事，累了就休息，工作的时候就认真对待，这就是放下。

太过着急反而适得其反

凡事不必强求，不是说想要就能获得，如果把一件事看得太紧，想立刻就实现它，这显然很不切实际。在为这些事着急、烦闷的时候，不妨放下心来，不去死死地盯着它，说不定就会有意想不到的结果。

累了试着放下负担过重的包袱，坐下来歇上一歇；困了试着放下疲惫，躺在床上休息一下。生活其实很简单，凡事看开一些，知足一点，适当地给自己放个假。不要视放下为一种不负责，其实放下是一种大智慧，放下才能得到更多。

[放下压力，学会生活]

在当今社会，竞争日益激烈，面对众多和自己一样都在努力工作的人，想要脱颖而出的你，或许要付出的就是更多的努力与汗水，但是要付出却不是要你没日没夜地工作、奔劳。工作要有张有弛，工作要顺其自然，工作中要懂得享受生活。

小李是一家知名企业的区域销售经理，他为人特别认真，还十分急性子，什么事总想一下子就完成，为此常常饭不吃，茶不喝，连上厕所都好像要了他的命一样。在他的价值观里，时间就是金钱，但是一天天过去了，他发现自己再怎么努力，永远都有做不完的事。

这让他受到了打击，他觉得自己什么都做不好。就这样，他一边痛苦地自责着，一边糊里糊涂地工作着，一个月下来，他所负责的区域销售业绩直线下滑，面对自己的努力换来的却是这个结果，他有些招架不住了，觉得活着真累。

他不知道自己到底什么地方出错了，别人工作的时候他在工作，别人不工作时他还在工作，别人吃饭需要两个小时，他吃饭10分钟搞定，他把自己的时间与生命都奉献给了工作，但是他却没有得到任何一句夸赞，也没有得到自己要想的结果。

有一天，他为了工作跑到小区里开始一家一户进行推销，却被人骂了一通，看着自己劳累了半天一无所获，他有些悲观，有些失望，想想自己以前干什么都那么认真，上学的时候都为争第一名得了贫血症，没有考上一个好的大学，现在又为了工作弄得自己身心疲惫，欲死不能。

他不知道自己错在哪里，他受了那么多苦到最后什么也没有得到，他不知道自己活着还有什么意思。于是他决定晚上在一个清静的小公园里了却自己的生命，解脱一生的无助。想到这儿，他认为："反正自己快要死了，为什么不做一次自己想做的事情呢？"

他想来想去，脑子除了工作，好像没有任何愿望了，为了工作他没有娶妻，为了工作他没有朋友，为了工作他没有参加过一次业余活动与生活娱乐，为了工作他把自己喜欢的不喜欢的通通抛弃了。

为此他决定给自己一些时间，玩个痛快，交遍天下的朋友知己，学习自己一心想学的篮球、足球等，不想工作，不想事业，不想所有人都在追求的东西。一年之后，他恢复了生气，恢复了自信，恢复了健康与笑容，再也不想寻死觅活的事了。

在努力工作的时候，不要忘了给自己放一个假，不要为了这个目标把自己的一切都抛弃掉，那样到最后你什么都得不到。你要知道自己拼命努力是为了什么，不要在奋斗的过程中迷失方向，总让自己处于极度的紧张状态中。试着放下压力，宽松心情，你就会迎接快乐的到来。

［放下才能享受生活］

所谓智者千虑，必有一失；愚者千虑，必有一得，不必为一点小的差错或失误就抱怨自责，毕竟每个人都有失误的时候。在遇到这种事情时，不妨静下心来换一种心情，打破这种沉闷，体悟人生。

人生是条河，有苦有甜，所以我们不必为那些痛不能自拔。面对压力，如果绷得紧了就松一松弦，如果感觉累了就适当地休息一下，其实，放下是生活的调剂品，会为生活增添情趣，带来快乐；放下是颜料，只会给生活增添浪漫，带来欢声笑语。

人生在世，只有放下身上的负担，才能找到心灵的家园；只有放下心中的杂念，才能拥有一颗平常心，才能感受到生活的美好；只有放下一切不快，才能享受一种超然的人生！

［心急吃不了热豆腐］

人总有太多欲望，做事情总想一次就成功，殊不知越着急，就越适得其反，如果做事一根筋，不能放下心来，只急着想得到自己喜欢的东西，到最后只能干着急白瞪眼，结果一无所获。

一个很喜欢开车的年轻小伙子，苦于自己没有驾照，看着别人都开着车在大路上狂奔，他的心就跟针扎一样十分难受。为了能够像那些人一样，他努力学开车，可是却总是学不会。

教他开车的老师告诉他，不要那么着急慢慢来，他很生气，觉得老师没有好好教他，那些和他一起来的人都拿到了驾照，可是自己到现在连个门都不通，他是又急又气，把所有埋怨都发在老师身上，可是越是这样他越是学不会。

刚开始他还十分兴奋，可是渐渐地没有了精神，变得无精打采，后来连拿方向盘的力气都没有了。朋友都说他生病了，只得让他放弃学车，到医院看病。在朋友的劝告下，他走进了医院，主治大夫问他："哪儿不舒服？"

小伙子答道："不知道，我没生病。"

医院很奇怪，看着小伙子确实像生病了，可是确实也没有生病，后来一想，他知道这个小伙子肯定是得了心病，就放下手中的医具开始跟他聊天。

医生问道："最近在干些什么？"

小伙子答："我最近学开车，可是学到现在还是什么也不会。"

医生问："为什么？"

小伙子答道："我只想着一天就把车学会，拿到驾照，可是学来学去就是学不成。"

医生明白小伙子的病在哪儿了，他不着急，只是很从容地拿来一个茶杯，倒了一杯很烫的热水让他喝，小伙子不禁愣了，说道："这么热我怎么喝啊？"

医生哈哈大笑道："茶热了你都知道没办法喝，冷一冷才行，为什么开车就不知道慢慢来，非要一下子成功呢？"

小伙子明白了医生的话，高高兴兴地回家了，第二天又开始学开车，一天只记一点点，后来他终于可以把车驶入大路中了。

常常希望在最快的时间里做好一件事，但是有些事并不能很快就做好，为了那种不切实际的希望，使自己处于极度紧张的状态中，到最后累得筋疲力尽还什么都没有学会。

做人应以平常心对待，该怎么学就怎么学，累了就适当休息一下，不必操之过急，要懂得享受生活，在追求的过程中体验喜悦与快乐。

智慧背囊：

人生有太多事情要我们去做，我们不必为了一件事把自己弄得千疮百孔。要学会让自己休息，脑子乱了学会调整，弦绷得太紧了就松一松。这样才能全心全力投入到这件事中，才能更快地获得成功！

过于执着就是病态，就是愚蠢，过于执着的人顽固、偏激，冥顽不灵。并不是说执着不是件好事，但是过于执着就会让你失去理智，让你不懂变通，被社会淘汰。总而言之，一切事都不可以过于执着，过于执着就是贪得无厌，过于执着就是自我毁灭！

懂得变通方能立于竞争

人生在世，要顺其自然，过于执着者不得其乐，不悟其生；过于执着是明知不可为而为之，其做法犹如登天。

［正确选择胜于过于执着］

人生苦短，我们在选定了目标之后，就要发扬坚持不懈的精神，但是如果目标不适合我们，与其在那儿苦苦挣扎，蹉跎岁月，还不如选择放下。如果你放不下自己的那份执着，或许痛苦就会陪伴你一生；如果你放下了那种偏执，说不定就会柳暗花明。

有一家公司需要招聘一名业务代表，通过层层选拔进入决赛的只有A和B两名应聘者，为了从中找出一位最适合这份职业的员工，公司决定在不同时间段分别通知前来面试。

第二天，A被公司通知前来进行最后一次考核，A在面试的时候十分稳重，各种问题都对答如流。就在这个时候，负责面试的考官忽然递给他一把钥匙，随手指了一间小屋让他去那里拿只茶杯来。

A就去开那间小屋的门，可是他无论怎样就是打不开，他不相信自己开不了，就慢慢地拧，过了很长一段时间还是打不开，可是他知道这是主考官给自己的最后一道难题，如果连这扇小小的门都打不开，怎么去打开别人的心灵？于是他就一个劲地往里面拧，最后钥匙被他拧断在锁孔里。

A感到难以置信，明明是这扇门的钥匙，为什么就是打不开呢？他就问主考官："请问，是这把钥匙吗？"主考官抬头看了一下A答道："是打开屋子，取出茶杯的钥匙。"A为难地说："门打不开，我也不渴……"

主考官打断了他的话："那好吧，这两天回去等通知，如果接不到通知，你就去别家公司试试吧。"

第三天公司又通知B来面试，尽管他回答的不是十分流畅，但是主考官还是同样给了他一把钥匙让他去取来一只茶杯，B也是同样打不开门，但是他看见另一间屋里有一只茶杯，他就想："主考官并没有告诉我钥匙就是这间屋的，它既然是打开有茶杯那间屋的钥匙，那么应是隔壁这一间吧！"于是他抱着试试看的心态，竟然真的打开了那间小屋，取出了茶杯。

主考官很高兴，拿过他取出的茶杯为他倒了一杯水，然后说："喝杯水，然后签个协议，祝贺你，你被录用了。"

A放不下自己心中的那份执着，一直认为主考官指定的就是那间屋子，结果怎么拧都打不开屋门，而B却不这样认为，只是选择放下这扇打不开的屋门，去试试另一间的屋门，结果他用同样的钥匙打开了另一间屋门，取出了茶杯。

这个故事告诉人们，太过执着就会变得盲目，做人要懂得变通，只有学会变通，才能进行更加正确的选择。明明知道这扇门打不开，为何不放下自己的那份执着，寻找另一扇出口呢？

[做人何必太执着]

执着于一个目标、一个信念那是大勇，但是做人过于执着就会显得愚蠢，最后只会苦了自己。

做人何必太执着？如果你丢了100块钱，记忆里知道落在某个地方了，但是去那里要花上200块钱的打车费，你为何还要再去找那100块钱呢？明知道自己做错了一件事情，却不肯认错，反而花加倍的时间来找借口，为一件事发火，不惜损人利己，不惜血本，不惜时间，只为着那种报复而做出蠢事。

失败不可怕，千万不要死钻牛角尖，不要执着于自己的无能，而是要放下心来，细想一想能否转败为胜，时刻反省一下自己哪里出错了，不要等到彻底被打垮时才后悔自己没有发挥全部的才能。

做人不必太执着，面对一件事情，选择放手一搏，不管结果怎么样，你做了你最想做的事，就会开心，毕竟时间还长，其他的事情以后还有机会。我们要活在当下，要懂得变通，要明白什么能做，什么不能做，什么事该固执，什么事该放下。

老鼠钻到牛角尖里去了。它跑不出来，却还拼命往里钻。

牛角对它说："朋友，请退出去，你越往里钻，路越窄。"

老鼠生气地说："哼！我是百折不回的英雄，只有前进，决不后退的！"

"可是你的路走错了啊！"

"谢谢你，"老鼠还是坚持自己的意见，"我一生从来就是钻洞过日子的，怎么会错呢？"

不久，这位"英雄"便活活闷死在牛角尖里了。

执着，听上去是一个优点，其实做过了就是一个很大的缺点。

凡事尽心就好，问心无愧就好。太执着了，会令自己受累，可能还会极大地伤害到自己。

太执着的人，只会一味地想去得到，想去拥有。却不明白，有时放弃，放手，却是对自己的一种宽容，对生活的一种顿悟。

不管是对感情也好，对生活也好，太执着了，一定会变得太计较得失，太在意结局。放弃骄傲的执着，听上去很无奈，很没志气，但那样似乎可以活得开心些，自在些。

太执着，说得好听一点，根本就是顽固不化，根本就是死钻牛角尖。

智慧背囊：

无论做任何事，做了就要尽力，不行就收手，不必执着于结果，执着于付出，执着于获得，输赢不一定在结果中才显现出来，过程也同样精彩，明智的人享受过程，聪慧的人拿得起放得下，贤达的人热爱生命，珍惜时间，不拘于小事，不束缚于一方，洒脱自由，奔放豁达。

放下架子平等待人，就会得到别人的尊重；放下架子关爱他人，就会得到别人的敬仰；放下架子融入群体，就会得到别人的友爱。

放下架子，用心交换，虚心接纳，就会得到更多的生活启迪，这就好比你有一个苹果，我有一个梨子，相互交换一个我们能品尝到不同的味道；你有一种智慧，我有一种智慧，相互交换一下我们就能得到两种智慧。

虚心接纳走出更好人生

放下架子就是放下一种伪装，放下一种虚荣，放下不正之风，还原人的本来面目，只有懂得放下架子，才能得到美好、和谐、真诚。

父母放不下架子结果拉长了与孩子的距离；大官放不下架子结果不得民心；老师放不下架子结果不受学生欢迎；朋友放不下架子结果得不到真诚……世上有太多的人为着面子而活，放不下自己给自己添加的架子，结果弄得自己郁郁寡欢。所以，做人要放下架子，用心接纳。

[初出茅庐，放下架子]

老虎只有在森林深处才能真正发威，所以做人不应太过骄傲，初出茅庐，仗着比其他人多读几年书就摆出一副看不起人的架子，那样只会成为别人的笑柄。做人要学会放下架子，虚心向他人求教。

有一个博士生被分到一家研究所上班。这个研究所还没有博士生，所以他的学历算是这里最高的，刚到这里的时候大家都觉得他很了不起，他也觉得自己很完美，所有的人都没法跟他比，随之养成了看不起人的态度。

有一天，他到单位后面的小池塘钓鱼，正好有一位同事也在钓鱼。看到他走过来，同事就微笑着和他搭讪，可是他摆出知识分子的架子，爱理不理的，那位同事觉得很没趣，同时对于他的这种做法感到十分厌恶。这时刚好来了另一位同事，他们俩就一起离开了。

两位同事走到河边的时候，他发现两个人说说笑笑，既没有坐船也没有绕路，直接从湖面走过来了。

他很惊奇，可是又放不下自己的架子，只能眼睁睁地看着两个人在湖面上玩水上漂。两个人来到对面之后理都不理他径自走开了，他却还在为刚才那一幕感到震惊："这到底是怎么回事？是不是这湖水是研究所特别研究的？"

过了一会儿，又有一个人这样从湖面上走过去了，他觉得十分好奇，但是又不好意思问，只是心里想："别人能走我为什么不能走？"于是，他也像这些人一样大步踏过湖面准备来个水上漂，可是刚一迈脚只听扑通一声，博士生栽到了水里。

同事们看到他在水里拼命叫喊，都低头笑。挣扎了一会儿他才发现原来池水并不深，站起身来根本淹不死人，看着一圈的同事都在低头暗笑，他的脸一下红了，连忙起身走向休息室去换衣服。

可是他还是想不明白为什么别人过去没有问题，而自己过去就会掉到河里呢？但是没有一个人愿意回答他这个问题。后来，一个好心人告诉了他其中的奥秘："其实，那个池塘里有一排木桩，由于这两天下雨，桩子正好在水面下，同事们都知道这些木桩的位置，所以能够顺利通过。"

所有人都不喜欢骄傲自满的人，面对你的不虚心，别人不会跟你好好合作，或许你在其他方面比别人强，但是有些事情还是需要借助别人的智慧。如果你放不下架子，仗着自己的强项看不起别人，那样最终会为自己的肤浅与无知付出代价。尊重别人就是尊重自己，只有放下架子，虚心接受别人的意见，才能得到别人的认可，才会走出更好的人生。

[放下架子天地宽]

有些人总是喜欢在别人面前摆架子，自以为高人一等而看不起别人。越是有钱有势的人，身上越是有这种毛病。可是他们却不知道，摆架子必然会伤害他人的自尊，使他人产生怨恨。一旦有了怨恨之心，尽管他无法直接发泄出来，却会暗地里给你使绊子。

爱摆架子的人最终只会把自己逼入死胡同，因为你讲究"架子"，计较"得失"，就等于给自己画了一个圈，限制了自己的手脚，做起事来别人也不会充分信任你。反之，懂得放下架子的人，会给人一种良好的印象，人际关系也会融洽，别人乐于助你，你的发展机会也就多。

其实，生活中那些爱摆架子的人，都是一些没有真才实学的无能之辈。有的人喜欢摆架子，是因为心里想得到别人的认可与恭维，有的人则纯粹是出于狂妄自大，不懂得为人之道。

了解三国历史的人都知道，东汉末年董卓专权，擅乱朝纲，曹操招兵买马，会合袁绍、公孙瓒、孙坚等十七路兵马，攻打董卓。当进军至虎牢关时，讨董军队被勇猛无敌的董卓部将华雄阻拦，几个出去对阵的人都被华雄打败了。十八路诸侯都很惊慌，束手无策。正在此时，关羽主动出面请战，但袁绍认为关羽不过是个马弓手，嫌他地位低微，便呵斥他退下。可曹操却不这么认为，他觉得关羽勇气可嘉，就给了关羽一次迎战敌将的机会，曹操命人给关羽温了一杯酒端过来。关羽说等斩了华雄之后再喝。果然，在一杯酒还没有凉下来的工夫，关羽就将华雄砍于马下。

在为人处世时不摆架子，是有涵养、有能力的表现，更是成就事业不可缺少的素质。曹操在这一点比袁绍做得好，所以尽管袁绍是名门之后，但最后也没能打过曹操。同时也说明了一个道理，放下架子，会使你赢得更多人的拥护、支持和信赖，还会使你自身的力量和成功的机会倍增。

所以，朋友们，请放下那虚幻的背景、身份、地位的包袱，让自己回归到普通人的行列中，不在乎别人的目光和议论，大胆地做自己认为对的事，这样，你的人生道路才会越走越宽，越走越顺畅。

智慧背囊：

生活其实很简单，处事实实在在，做人光明磊落，是什么就是什么。众生皆平等，所以不必有什么高低之分，不必有贫富之感，摆阔气，合得来就做朋友，合不来就坦白直言，不用为别人的言论而活。要活就活出自我，活出自己的独特！

生活中，你能做到的事，别人不一定能做到。因为物有雷同，人有区分，你的思维并不代表别人，你有你的奇思妙想，他有他的锦囊妙计，每一个过独木桥的人都不一样，所以我们不能用自己的标准去要求别人。

切勿以自己的标准去要求他人

[用自己的眼光看待别人的幸福或痛苦是错误的]

我们习惯性地把自己和别人联系在一起，让自己去体验别人的感受，在某种程度上讲这样似乎是一种解脱。但人生为什么充满了那么多无可奈何呢？就是因为我们总是把自己依靠在别人身上。总习惯用自己的眼光看待别人的幸福或痛苦，其实这是一种错误。

20世纪最具影响力的英国思想家罗素，在1914年来到中国的四川。

当时正值夏天，天气非常闷热，罗素和陪同他的几个人坐着两人抬的竹轿上峨眉山。山路非常陡峭险峻，几位轿夫累得大汗淋漓。作为思想家和文学家的罗素，此情此景使他没有心情观赏峨眉山的奇观，而是思考起几位轿夫的心情来。他想，轿夫们一定痛恨他们几位坐轿的人，这样热的天气，还要他们抬着上山，甚至他们或许正思考，为什么自己是抬轿的人而不是坐轿的人？

罗素正思考着的时候，到了山腰的一个小平台，陪同的人让轿夫停下来休息。罗素下了竹轿，认真地观察轿夫的表情，很想去宽慰一下辛苦的轿夫们。

但是，他看到轿夫们坐在一起，拿出烟斗，有说有笑，讲着很开心的事情，丝毫没有怪怨天气和坐轿人的意思。他们还饶有趣味地给罗素讲自己家乡的笑话，还给这位大哲学家出了一道智力题："你能用11画，写出两个中国人的名字吗？"罗素承认不能。轿夫笑呵呵地说出答案："王一、王二。"罗素陡然心生一丝惭愧和自责，我凭什么去宽慰他们？我凭什么认为他们不幸福？

后来，罗素因此得出了一个著名的人生观点：用自以为是的眼光看待别人的幸福或苦痛是错误的。

[不要用自己的思想理解别人]

人与人之间有着太多的不同，也有着相同之处，但是做人就不必用自己的思想去理解别人，有些人做法与你肯定不一样，选择另一条道路或许有他自己的理由，其实都是向美好的方向发展的，只不过两个人对待事情的看法不一样罢了，所以你不必去质疑他做出的选择，不必去误解他做出的方法，有时候试着去支持一下，抱着希望等待一次，等待或许才是最好的解决方法。

有一个富婆，她想为自己找一个忠诚的保姆，可是在人才市场转了好几圈也没有找到一个让她满意的，她总以为所有的人都跟她一样爱钱，所以保姆会对她做出什么不好的事来，为此她十分烦恼。

后来经一个很好的朋友介绍，认识了刘大妈，并且让她在自己家做长期保姆，签的合同里有很多条款对刘大妈都是不公平的，刘大妈不认识字，她只知道作为一个下人，对待女主人就要特别好，干事就要勤快、卖力。

富婆对她平时做家务的能力也是很认同的，刘大妈的到来的确给她的家里增添了不少的好处，家里经常被擦得一尘不染，而且做的饭也特别好吃，以前自己看见食物就头疼，但是现在吃饭也有胃口了。

有了好的身体与好的环境，富婆的心情也好了许多，有一次她邀请几个好姐妹来自己家打牌，打到深夜才算是收摊，刘大妈就一直在旁边守着，怕她喝了或者是饿了，所有人都说她有这么一个好保姆真是值了，她却说道："世上没有什么好心的，还不是为了那份工资吗？"

第二天富婆起来的时候，突然想起自己的钱包好像丢在桌子上，赶紧起身去找，发现不见了，她不禁暗想："果然不出我所料，所有的人都是为着她的钱而来的。"她立刻气势汹汹地把正在打扫卫生的刘大妈叫过来，大声侮辱她，并不分轻重地就把她轰出了家门。

刘大妈很无奈，她根本就不知道发生了什么事。

刘大妈走后，富婆就后悔了。因为她再也吃不到那么香的饭菜了，她再也找不到那么认真的保姆了，就在她后悔时，她发现自己的小狗嘴里含着钱包袋正玩得不亦乐乎，她一下子愣住了，她知道自己误解了刘大妈，她失去的不仅是一个好的家庭保姆，还有一颗做人的心。

当你看不到别人的所思、所想之时，不要盲目地用自我的标准去要求别人、看待别人、理解别人。

如果总以为你想的就是别人想的，你的眼光就是别人的眼光，那么你就是天下最愚蠢的，最无知的，没有任何一个人会为了你而活，每一个人都有着自己的活法，每一个人都不会为着另一个人而转圈，所以不要再去用自己的标准要求别人，平静一下自己的心，认真地去思考，怎么样自己才能做得更好，自己怎么样才能得到别人的认可，而不是用自我意识去要求别人。

智慧背囊：

不同的家庭背景，不同的教育观念，不同的人生认识，社会每一个人都不尽相同，所以不必拿你自己当别人看，学着去欣赏别人，去理解别人，放下自己的标准，以平等的心去解析另一个人的所想所感，然后将心比心，这样才能活出价值，活出精彩人生！

仇人见面分外眼红，可是却不是什么大不了的事，没有必要为着一点小事变成仇人。整天活在报复与害怕报复的阴影中，夜里不敢睡觉，害怕仇人来到自己的床边害自己，白天想方设法去陷害仇人，以绝自己的后患，一来二去，结果却是越结越深，人生为此而失去了意义，生活中处处充满痛苦，这又是何苦呢？

不要让自己被仇恨所包围

人生想要快乐，就必须忘记恩怨。如果是自己结的怨，就要学会"相逢一笑泯恩仇"，没有什么大不了事，不要让自己的一生被仇恨包围，不得解脱。

[学会忘记，不思仇恨]

佛说："放下屠刀，立地成佛。"于是就有了回头路，其实，放下就是让人学会忘记，只要学会忘记，就不会有仇恨，没有仇恨，才会静下心来。这时你再回头去看的时候，会发现自己当初太过执着了。

仇恨是正常人都会有的心理情绪，当别人触犯了我们的权利或尊严时，我们就会产生这种情绪，它是一种自我保护的本能，但是如果我们为不值得的事将这种情绪得以变本加厉，就会引起质的变化，它就会成为我们报复的工具，为之而后悔一辈子，人生不得解脱。

有一个古希腊人，一天他走在坎坷不平的山路上，发现脚下有袋子似的东西妨碍了他的脚步，他就用自己的双脚狠狠地踩了一下那个东西，结果那东西不但没有被踩破，反而更加大了。他生气极了，就捡起路边的大树枝朝那东西砸了过去，那东西竟然被它砸得越来越大，渐渐地堵住了路口，这个古希腊人被困在其中。

正在他为此着急的时候，山中走出一位圣人，对他说："朋友，快别动它，忘了它吧，离开它，远去吧，它叫仇恨袋，你不犯它，他便小如当初，你若犯它，它就会跟你敌对到底。"

生活中，难免会与人产生摩擦，甚至是仇恨，但是我们要学会忘记。只有忘记，人生才会少一份障碍，多一份成功，否则仇恨将永远堵住我们成功的道路，直到被它打倒。

只有忘记仇恨，才能提高自己，开阔自己。人与人之间都是为不必要的事件才产生了争论，人们误以为的"仇人"未必就是真正的仇人，如果你善，别人自然也善，如果你恶，别人也会得理不饶人。其实做人不该去仇视什么，那样最受其害的还是自己的心灵，轻则自我折磨，重则就可能导致疯狂的报复，结果自然就是飞蛾扑火自取灭亡。

[学会宽容，知恩不计怨]

智者说："被人误解时，不必去为此争论，选择沉默，选择包容，淡看恩怨，时间就是最好的法官。"其实，生活本来很简单，只是被那些所谓的误解复杂了，每一句话在别人的解释下就变成了另一种味道，如果我们一味地为这些不值得提的事而影响自己的生活，岂不是很幼稚吗？

恩在前怨在后，大德之人都记恩不记怨，感恩生活，以德报怨；小人之志不记恩只记怨恨，常常以小人之心度君子之腹。宽与虐，恩怨之府，学会宽容，知恩不计怨，人生又怎么会有那么多不如意之事呢？谁无恩怨，谁不发牢骚，小小的恩怨，何必为此计较？

美国总统林肯，他在未当总统时有一位与他争夺的死对头，那个人的能力很强，而且曾任部长之职，可是林肯凭着自己的真本事赢得了全国民心，坐上了总统之位。让人意外的是，他竟然没有把那位死对头打压下去，而是以信任的目光接纳了他，并且还让他担任重要职位。

他的幕僚和随从们十分不解，为此大家十分愤怒地建议道："他是我们的敌人，应该消灭他！"林肯却只是笑一笑："把敌人变成朋友，既消灭了敌人，又多得一个朋友，那不是更好？"

忘记仇恨是成就事业的必备条件，既往不咎的人才可以放下沉重的心理包袱，一心一意朝着自己的目的地大踏步地前行。只有宽宏大量者才能与人和平共处，才会赢得他人的友谊与信任。当然，如果宽容一点，大度一点，那就没有什么困难了，道路上都是朋友，我们又怎么能得不到别人的支持与帮助呢？有仇人给自己使诡计，没有仇人跟自己敌对，我们还能怕些什么？

圣人学会了宽容，学会记着别人的恩惠，忘记别人给予的仇恨，包容着所有的恩怨，有着宽大的胸怀与超人的智慧去看待人生，所以他们赢得了别人的心灵，得到了别人对他的赞美，成为所有人心中的向往。

如果你要成就事业，就要牢记"不责人小过，不揭人隐私，不念人旧恶，学会宽容，知恩不计怨"。

[抛弃仇恨，拾起幸福]

做人不必较真，做人不必记恨，做人不必去计较恩怨，包容一切，感恩生活，这样过日子，和平、快乐、幸福将会随后而至。

若愚近来很心烦，他不知道自己为什么会有这么多解不开的谜，为此他决定去找一位德高望重的方丈，让他解释这一切。于是，在一个飘着雪花的初春，他来到了一座寺庙，见到了方丈大师。

"方丈，我近来烦恼得很，胸口有想爆炸的感觉。"

"哦？不知施主有何烦心之事？"

"我恨！我恨一切！我的父母从小就不喜欢我，他们只喜欢我弟弟，觉得他什么都比我好，我不甘心，付出了比我弟弟多数倍的努力，终于比他强了，可是，他们还是从心里不喜欢我……"

"哦。"听到这儿，方丈随手拿起面前一粒种子，轻推开窗，抛出窗外。

"我还恨我的妻子。当年她嫌我穷，总是埋怨嫁给我亏了，现今我有钱了，她又嫌我没时间陪她，以至于红杏出墙……"

"哦。"方丈又扔出了一粒种子。"还恨谁？"

若愚一怔，一时竟想不起来，"目前就恨他们。"

"请问施主，能否看到老纳抛到窗外的种子？"

"是，方丈，我看到了。"

"春天就要到了，该是撒种的季节了，既然撒上了种子，一定要仔细施肥浇水，好等秋天收获。这两粒种子我已撒到地上，如果不去理会它们，它们会不发芽吗？"

"我想不会，即使您不浇水，有雨水的浇灌，它们也一样成长。"

"是啊。当它们是一株小苗的时候，是不会对我造成什么影响的。但等到它们长得高过我的窗子时，它们就立于我的窗外，到那时，它们对我没有影响吗？"

若愚略一沉思："它们会阻拦照射到您屋内的阳光。"

"不错，仇恨其实就是一粒种子，当它存在时，即使你不刻意去管它，它也会在你心里生根发芽，早晚有一天它会占据你的心灵，遮住本可以照进你心灵的阳光。所以，对待仇恨，我们最好这样。"说着，方丈又拿起一粒种子，打开窗户，把它抛得远远的。

"可是，它仍然被扔在了地上啊。有一天，我会不会再次看到它？阻挡我在室外本应享受的阳光？"

"施主很有悟性，因此，我们对待仇恨，更好的办法是……"说着，方丈拿起第四粒种子，扔进面前的火盆里，片刻间，那粒种子便化为乌有。"权当它从来就没有过。"

沉思良久，若愚心性大开。"明白了，多谢方丈。"若愚走出禅房，外面雪仍在下，只是，太阳也在天空挂着。"原来是太阳雪，刚才我为什么只看到雪了呢？"

忘记仇恨，才能得到心理平衡，自然就放松了心情。如果你抛弃了仇恨，拿出自己的宽容之心去消除仇恨，那么你就会得到更大的空间，得到别人的友爱，你的人生将会幸福。

智慧背囊：

仇人是朋友的另一半，仇人是教育你启发你做人的课本，仇人是让你面对任何事都能保持一份大度美德的警钟。没有人愿意与人结仇，没有人愿意身边仇人多，既然不愿意，又何必为那一点不算面子的面子而引发矛盾呢？做人要学会抛弃仇恨，与对方握手言和，那样你就得到了一种安慰，一种快乐，一种幸福！

没有人没有欲望，人活着都有自己的梦想，都会为自己的梦想追求，去努力，但是欲望无止境，如果我们不知道控制欲望，不懂得顺其自然，最终会给自己带来无穷的烦恼，并且会落入欲望的深渊而无法自拔。

所谓顺其自然是真，物极必反是理。很多东西不一定是越多越好，凡事都讲个度，超过了那个度肯定就会朝着坏的方向发展。

顺其自然者知足常乐也

生活是颜料，有红也有蓝，有绿也有黄；生活是多味瓶，有香也有甜，有苦也有辣；生活是四季风，有冷也有热，有刚也有柔。生活中人们在追求一些东西时，欲望也就跟着而上，此时一定要牢记，凡事不可求，顺其自然为最真。

顺其自然就是让你在生活遇到困难的时候，不要为难自己，苛刻自己；同样在顺利的时候，也不必放纵自己，懒惰自己。面对人生就是要面对生活，要面对冷热，面对酸甜，懂得自我调节，取悦自己，开阔心境，永远乐观。

顺其自然者不会奢望太高，弄得自己欲壑难填，他们知足常乐，淡然名利；他们因势利导，靠自己去改变现状，创造美好生活；他们不巧取豪夺，不损人利己，笑口常开，宽容待人；他们光明磊落，脚踏实地……

[顺其自然，从容生活]

活在世俗社会，处在滚滚红尘，难免会夹带些生活情绪，有快乐必然有苦恼，这些并不可怕。走在人生旅途中，我们要懂得淡然生活，处在世俗的喧嚣中，我们就要学会从容以对，不为鲜花与掌声而活，而是为生命中那一份平静和平静下面的从容而活。

　　有一个老太婆，她有一间破陋的房屋，一个盛鱼的大木盆，还有一位一直深爱着她的老伴。虽然每天过得很清贫，有时候连吃顿饱饭都成为一种奢望，但是老太婆并没有为此而苦恼。每天吃过饭，老头子都会陪她看看星星，拉拉话常，谈谈梦想，平静中有着一种和谐美。然而，这种和谐却被一件事打破了。

　　一天，老头子出海打鱼，打到一只会说话的小鱼，小鱼为了保住自己的性命，答应帮助他或家人实现三个愿望，无论什么都可以。老头子为此感到困惑，把这件事情告诉了老太婆，老太婆却为此感到兴奋。

　　老太婆在欲望中沉沦了，在追寻中开始苦恼，她不知道自己到底想要什么。她把自己孤立起来，在孤独中开始追寻，她不知道自己在追寻什么，但是她却不能自拔，在梦想中越过越上瘾，老太婆想完了豪宅，想金屋，想完了金屋想女王，想完了女王就又想着去做那些小鱼的掌管者。终于，她走到尽头，她的一切都没有了，包括老头子的那颗爱心。

　　人可以有愿望，但是却不能把这种愿望当作一种难平的沟壑。拥有了就要学会满足，要的越多你付出的就会越多。什么事情看似表面是自己收获，其实背后都会有付出，平等的付出平等的收获，但是如果付出小于收获，那么收获自然就会不存在，但你依然想要，就会一步一步陷于绝境。

　　活在世上，人们应顺其自然，从容生活。从容是一种心境，一种平淡之中应有的坦然，不为自己而喜而悲，万事看开些，有你生存的空间，你就有着自己的作用。石子不如大山逶迤，但也能为大地增添色彩，为大地铺路搭桥；小草不如大树伟岸，但也能滋润一方土地。花总要凋谢，太阳总要日落，所以生命不是活给别人看的，该是你的就是你的，不是你的也不要强求，顺其自然你才会活出一份快乐！

从容是一种平凡者的坦然、乐观者的执情。它是一种心境，一种精神，一种风度，一种追求。拥有了从容，我们才能放宽心思，欣赏生命，领略人生，活出真色彩。

[顺其自然，平凡生活]

在生活中，并不是每一个人都能得到幸运，并不是每一个人都能得到满足，有了这个还想要那个，但是命无此福，我们又何必强求？外表再好不过是皮肉而已，老了还是长满皱纹；财富再多不过是身外之物，死了还是空有躯壳。心灵磨灭了，那么就什么都没有了，所以我们要爱护自己的内心世界，不要让外界的欲望折磨心灵。

有一只小狗，不停地绕着自己的尾巴转圈，精疲力竭地躺在地上喘气。

一只大狗走过，询问它发生了什么事，小狗说："朋友告诉我，假若我可以追到自己的尾巴，我便会永远幸福和快乐，所以我才追逐自己的尾巴，结果弄得精疲力竭。"

大狗叹了一口气说："在我年轻的时候，也听别人说过同样的话，我也跟你现在一样弄得精疲力竭。当我追逐幸福和快乐的时候，它永远不在我前面。当我不刻意追逐、一切顺其自然之时，才发觉幸福和快乐在后面日夜跟随着我！"

幸福和快乐本来就是我们生活的一部分，就看我们是否懂得欣赏。许多人每天都在追逐幸福和快乐，其实顺其自然，幸福与快乐即在身边。

[顺其自然，自得其乐]

顺其自然是生活，它指引着所有的生命走上自己的轨道，就像小草春来发芽秋来枯，却仍然勃勃生机一样，就像小鸟春回北方秋飞南，虽然路远却很有乐趣。顺其自然是活着时候认真地生活，垂老的时候乐观去面对。

有一天，小和尚来到院子里找师父，发现师父院子里那片草地一片枯黄，就对师父说："师父，快撒草籽吧，这草地太难看了。"

"不着急，什么时候有空了我就去买一些，草籽什么时候都能撒，可是来的人却不可能每天都会听我说佛道。"师父答道。

中秋的时候，师父把草籽买了回来，交给小和尚："去吧，把草籽撒在地上。"起风了，那些草籽被风吹得满地都是。小和尚很着急："不好，许多草籽都被吹走了！"

师父说："没关系，吹走的多半是空的，撒下了也发不了芽，不用担心。随性！"

就在这时候，一群小鸟飞来，把刚刚撒在地上的草籽吃了。小和尚惊慌地跟师父说："不好了，草籽都被小鸟吃了！"

师父又说："没关系，草籽多，小鸟是吃不完的，你就放心吧，明年这里一定有小草！"

小和尚一直为今天的事不高兴，夜里他听到了雷声，外面下起了大雨，他的心中更急了，暗暗担心自己种了一天的草籽，到最后什么也没有了。第二天早上，他来到院子里一看，果然地上一颗草籽都没有了，他连忙冲进师父的房里："师父，昨晚下了一场大雨把地上的草籽都冲走了，怎么办啊？"

师父不慌不忙地说："不用着急，草籽被冲到哪里，就在哪里发芽。随缘！"

不久，许多青翠的草苗果然破土而出，原来没有撒到的一些角落居然也长出了许多青翠的小苗。

小和尚高兴地对师父说："师父，太好了，我种的草长出来了！"

师父点点头说："随喜！"

小草有小草的生命规则，只要有水有土就能发芽，只要你撒下了草籽，就不必担心小草不会发芽。我们要顺其自然，不必刻意强求，如果你过于担心，只能影响你的生活与工作。凡事都有我们不明白的理，与其百般思量，不如顺其自然，这样才能看到自己想要的结果。

上天给了你生命，你却不知道珍惜，在有生之年随意荒废，那么你就永远不会快乐。有了生命就应该活出它的价值，有了人生就应去努力生活，顺其自然就是顺着自己的生命轨迹去探索：今天就是今天，明天就是明天。不必想明天是怎么样，明天到的时候再去思考；昨天已经过去，就不要拿今天的时间去悔悟昨天的东西，而是认真地对待今天的生活，思考今天怎么活才能活得快乐！

智慧背囊：

顺其自然能活出一份淡然，活出一种智慧，活出一份洒脱，人生在世拥有顺其自然之心，不枉活一生！生活是欲望，欲望却不是生活，正如人生需要金钱，但是金钱却不是人生一样，欲望的存在是为了让人生更美好，而不是让欲望成为主宰控制你的人生。顺其自然对待生活，为着欲望去活，但是却别让欲望教唆你生活。

不主观，
勇于自省，
完善人格修行

———— • ————

10

　　"见贤思齐焉，见不贤则自省也。"这句名言流传千古，是因为在不经意之处拨动了人们的心灵之弦，引起了共鸣。知人者智，自知者明。由于人性的弱点，我们看别人时比较客观，看自己时比较主观，往往出现"灯下黑"的情况。因此，勇于自省就弥补了这一缺陷，使人在修身养性上进入一个新的境界。自省是人自我行为中的一种高尚情操，人们通过自我反省，找到自己的不足，发现前进的方向，而放平心态、坚持不懈的自省，不断修正错误，能使我们的人格更加完善。

走在人间这条大道上，总会有鲜花的诱惑，当面对这些诱人的东西时，恐怕大多数人都想得到它，然而有些人心中填满了种种秤砣，甚至压得喘不过气来还不舍得放下，这是不利于修身养性的。世事纷繁、尘事庶务、名利地位、私心欲念、声色犬马，该放下的就得放下，什么都抓在手里，最终会累倒自己。世间很多功名成就之士，他们或捐资济世，或甘于淡泊，既入得世，又出得世，敢于放下，勇于舍得。其实，他们在"放下"的同时，已经得到了意想不到的收获，这种收获也许是无形的，但它也是隽永的、更高层次的。它可以使我们修身养性，使我们的人生趋于完美。

学会放下，人生之路更宽广

佛家有这样一句话："世间为我所用，但并非为我所有，修容下之心，除占有之欲，达无我之境！"由此可见，懂得放下、学会舍得，就是佛学之人修身养性的最高境界。

[修身养性，放下是福]

要想修身养性，就要学会放下一切。俗话说："君子坦荡荡，小人长戚戚。"君子行事光明磊落，大行不拘小节，一事当前，勇于担当，敢于"放下"。反之，"小人"经常执着于私利，患得患失，或者拘泥于事情的小节，或者畏惧不前，可见，这样的人拿不起，也放不下。

人生在世，有太多的艰难与曲折，名利、地位、美色等无不诱惑着你。看到别人豪华的汽车与高档的房子，自己就开始眼红，从而为了达到目的不择手段。试想，这样的人最终得到了什么？是世人愤恨的唾弃！因此，唯有放下，才会使自己的人生活得洒脱与自在，才会使自己的性情得到升华！

佛曾经在波罗奈国的狩猎场上为众生讲解佛法。有个太子问："佛道精妙高深，一般的人难以企及，但不知有史以来的国王、太子、大臣及长者中，有没有抛弃江山社稷，舍弃王后、王妃或爱妻爱妾，放弃荣华富贵和天伦之乐，而投身佛门的呢？"

佛回答说："世间的江山权势，富贵荣华，恩恩怨怨及各种享乐，其实都不过是场梦，都是过眼烟云，最终都会消失。国王、太子们不能获得真道，有三个原因。第一，他们骄横跋扈，我行我素，不去修习佛经中精妙绝伦的道理。第二，他们只知道贪取钱财，而不去救济贫苦，霸占百姓的财产而不与大家共享。第三，他们不能戒除淫欲和各种享乐……如果没有这三种原因，他们就能成佛得道。"

可见，放下是幸福之道，也是成佛之道。曾子说过这样一句话："知止而后有定，定而后能静，静而后能安，安而后能虑，虑而后能得。"其实，放下从另一方面说，它也不失为一种积极向上的人生！

纵观古今中外之人，有的人为名所惑，有的人为利所动，也有的人为情所恼。可见，他们把名、利、禄、情视为活着的最高追求，却不知人生最大的幸福在于"放下"，在于退，在于舍。对于我们生命中的鲜花、掌声，有处世经验的人大都等闲视之，屡经风雨的人更有自知之明。但对于我们生命中的坎坷与泥泞，能以平常心视之，却不是件容易的事。人生大道上的挫折与灾难，能不为之所动，坦然承受之，这是一种睿智，一种极高的生活境界。因此，要想修身养性，就要拿得起，放得下！

[修行在于放下]

一天，慧法和尚背着一个布袋去远行。半道上，他碰到了一个年轻的小伙子，小伙子就问他："大师，怎样才能做到真正的修行？"慧法和尚听过之后，把背上的布袋往地上一放。年轻人不解地问："就这样？"慧法和尚听后，他把布袋拿起就走了。

由此可见，所有的修行都在于"放下"与"拿起"，放下邪见（器），拿起正见（道）。孔子说："智者不惑，仁者不忧，勇者不惧。"这值得每个人好好品味。

所谓"仁"字，就是要求你放下、认命，接受不可改变的事，生死是一根绳子的两端；得病也是生命中的一部分；人不能舔到自己的肘部，不能看到自己的背部。所谓"勇"字，就是拿起与担当。只有人格独立了，才能改变一些事情，面对现实接受自己。所谓"智"字，就是达观，分清人世间的动态，明白事理，"不以物喜，不以己悲"。为什么总有人不能放下呢？是因为这些人见识浅薄，人性贪婪，不智、不仁、不勇。

从前，一个中年人拜访智法大师，因为没有带礼品，于是表示歉意："我空手而来。"

智法大师望着这位中年人，说道："既是空手而来，那就请放下吧！"

中年人不明白，反问道："大师，我没带礼品来，你要我放下什么呢？"

智法大师立即回答道："那么，你就带着回去好了。"

这时，中年人更加不解与困惑，说道："我什么都没有，带什么回去呢？"

智法大师回答道："你就带那个什么都没有的东西回去好了。"

中年人不解智法大师的禅机，满腹狐疑，不禁自语道："没有的东西怎么好带呢？"

智法大师这才点化道："你不缺少的东西，那就是你没有的东西；你没有的东西，那就是你不缺少的东西！"

这位中年人仍然不明白，无奈地问道："大师啊，就请您明白地告诉我吧！"

智法大师无奈地说道："和你饶舌多言，可惜你没有佛性，但你并不缺佛性。你既不肯放下来，也不肯提起，这只能说明你没有佛性！"

人生在世，几乎所有的苦恼都来自于"拿不起"或"放不下"。因此，只有拿得起，又放得下，才能真正地活出潇洒自由的人生。

放下是一种心态的考验，是一种生活的智慧，也是一个人修身养性的最好办法。放下压力，获得轻松；放下烦恼，获得幸福……放下不失为一条人生的解脱之道！

智慧背囊：

只有放下了，才能决定另外的选择，走在人生的十字路口，我们必须学会放弃不适合自己的道路；面对失败，我们必须学会放弃懦弱；面对成功，我们必须学会放弃骄傲……放下，有时候比拥有更重要。无论过去的天空是晴朗还是阴霾，把它放下来，你会获得今天更新的一轮太阳，它会照耀你前行的步伐！

佛语中曾有这样一段文字："一切修身修心的法门，只有两字诀：曰放下、曰回头。"佛语中还说："放下屠刀，立地成佛；苦海无边，回头是岸。"其意思是说只有放下与回头，才能使我们顿愈、顿觉。一棵枝繁叶茂的桃树，在盛夏时总是硕果累累，如果刮来一场狂风，却可以将它拦腰斩断。这是为什么呢？因为当它在最繁华的时节，身上背负了太多的压力，就像英雄往往魂断于盛年。

人生包袱别太重

修身养性就是要求我们，得应该得到的，做应该做到的，放应该放下的。生活中，很多人为钱、地位、名利等一切身外之物奋斗着，有追求就会有收获，我们也许会在不知不觉中拥有许多。但是，有些东西是我们必需的，有些东西不需要也罢。因此，那些我们不需要的东西，除了能满足我们的虚荣心外，最大的可能是成为我们心理上的一种负担。因此，懂得放下，才能使我们的生活更洒脱，使我们的人生更完美！

[人不应为名利所累]

当今世界是一个物欲狂飙的时代，我们总是欲壑难填，名利心、功利心从来没有像今天这样赤裸裸地暴露着，利欲熏心也从来没有像今天这样有恃无恐。由此可见，追名逐利，已经成为当今世俗定位成功的标志。

生活中一些人总是怀着一颗追逐名利的心入世，一生奔波，一生劳顿，一生尔虞我诈，当这些人得到想得到的东西时，他们又深深觉得"那还不够"，于是再一次把自己挤入滚滚红尘的名利场中。

也许有很多人都扪心自问过："我来到这个世上，拥有了什么？"其实，一个人"拥有"的越多，就越"不是"他自己。因为一个人拥有的越多，就越没有时间做真正的自己。用哲学家的思想来解释就是：拥有就是被拥有。

如果一个人拥有一辆车子，就等于他被这辆车子所拥有，因为他不得不忍受每天上下班浪费掉的塞车时间，必须时常担心自己的车闯红灯有没有被记录在案而面临罚款？还要担心油价上涨与燃油税对自己生活的影响。又比如你很辛苦地工作赚钱，以前租房子，后来终于自己按揭买了一栋房子。你买下了这栋房子，你也就被这房子所拥有。因为你不得不更加努力工作，然后每月按时将你的一大半工资"捐"给银行。后来你拼命赚钱，又买了两栋房子，那么你就更累了，每套房子要每月记得准时收租，又担心别人的收入状况而交不起房租，又怕别人不爱惜你的房子和家具，不景气的时候还担心房租下跌和房价下降，然后还要考虑怎么应付交税。经过几年的艰苦奋斗，也许并不像你想象的那样你的生活品质提高了，相反，过多的拥有使你的生活品质下降了，使你与家人的感情淡漠了。

由此可见，人生中如果拥有太多物质，那么，生命的内涵以及注意力就分散了，最后反而会被拥有物所拥有。变成了物质的奴隶，以致精疲力竭，丢掉了人活着的真正意义。这就是"拥有就是被拥有"。因此，要想活得轻松，最好还是不要为名利所累，不要为太多的物质所惑，这也是一个人修身养性的最好法宝！

当年，白居易担任杭州太守时曾请教一位高僧关于"佛的真谛"的问题。高僧说："只有八个字：诸恶莫做，众善奉行。"白居易说："这太简单了，三岁小孩儿都知道。"高僧说："是的，三岁孩子都知道，但八十岁的老人都做不到。"高僧这句话道破了古今中外人性的根本弱点：知、行脱节。其实，很多人英年早逝，是因为他们知道却做不到，也因为他们放不下，或者不愿放下，最终导致积劳成疾，英年早逝。

生命就是一场旅行，如果蜗牛负重，何以轻松上阵？唯有抛却肩头挂碍，才能走得步履匆匆。因此，学会放下是人生的一种大智慧！人如果肯把名利换作浅吟低唱，就可以摆脱一切芜杂烦赘，人生的境界得以升华，性情得以提高！

［懂得放下才会有快乐］

人们的情感总是希望有所得、有所获，认为拥有的东西越多，自己就会越快乐，人之常情就迫使我们沿着追寻获取的路走下去。可是，有一天你会忽然惊觉：自己的忧郁、无聊、困惑、无奈、一切不快乐，都与心理有密切联系，自己之所以不快乐，正是因为渴望拥有的东西太多，或者太执着，不知不觉，你开始劳累了，疲惫了，因为背着包袱行走于人生的大道上总是很辛苦。所以，只有放下，你才会得到快乐！

一年轻大学生拜访峨山时问："你读过基督教的《圣经》吗？"

"没有，试读给我听听。"峨山答道。

学生打开《圣经》，翻到《马太福音》，挑了数节读道："何必为衣裳忧虑呢？你想田野里的百合花怎样长起来？它也不劳苦，也不纺织，然而我告诉你们，就是所罗门极其荣华的时候，他所穿戴的还不如这一朵花呢！……所以不要为明天忧虑，因为明天有明天的忧虑……"

峨山听了道："说这话的人，不论他是谁，我认为他是个有所悟的人。"

学生继续读道："求则得之，寻则见之，叩则开之。因为不论何人，都可求得、寻见、叩开。"

峨山听了道："很好，说这话的人，不论是谁，我认为他已是个距佛不远的人。"

对于一些富人，即使是金银珠宝，有时候也必须放下，因为很多时候，再多的钱财是买不到人生的快乐的！

我们生命中的种种东西，究竟什么是应该放下的？很多人放不下失恋带来的痛楚，放不下屈辱留下的仇恨，放不下心中所有难言的负荷；放不下浪费精力的争吵，放不下没完没了的解释；放不下对权力的角逐，放不下对金钱的贪欲，也放不下对名利的争夺……这一切一切的放不下，是源于自私的欲望与贪念！这样，我们怎么会生活得快乐呢？

每个人都应该明白：人生短暂，世间一切恩恩怨怨、功名利禄皆是短暂的一瞬，福兮祸所伏，祸兮福所倚。因此，我们必须学会放下，必须学会付谈笑中！

智慧背囊：

放下是一种解脱，是一种睿智，它可以放飞心灵，可以还原本性，使你真实地享受人生。同时，放下也是一种选择，没有明智的放下就没有辉煌的选择。进退从容，积极乐观，必然会迎来光辉的未来。放下并不是毫无主见，随波逐流，更不是畏惧前行，知难而退，而是一种乐观豁达、积极进取的人生态度。

禅语中有这样一句话："擅画者留白，擅乐者留声，养心者留空。何时放下，何时就会获得一身轻松。""放下""自在"是禅家的两种最高境界。一个"放"字的作用就是使纷繁的东西归为简单，纷乱的思绪回归明晰，浮躁的心境回归淡然。由此可见，"放"是一种生活之态，同时也是一种智慧，一种修心之术，一种平和与镇定。

放下乃修心之术之要领

伟大的作家梭罗曾说："一个人越是有许多的事能够放得下，他就越富有。"是的，"拿得起"常常被人称道，"放得下"则更令人赞叹！

[放下是至高的生活境界]

敢于放下，是一个人至高无上的生活境界。有时候放下会让你的生活变得更加有意义！让你的修养水平体现得淋漓尽致！

宋朝时期，著名的理学家程颢、程颐兄弟，平日道貌岸然，远离声色。有一天，兄弟两人去赴宴，主人请来娼妓作陪。程颢神色自若，不受影响，程颐却紧张严肃。事后程颐问："吾道中人不与娼妓为伍，吾兄怎么视若无睹？"程颢笑了笑说道："当时座中有妓而我心中无妓，如今，座中无妓而你心中有妓。"

程颢还说，有妓无妓，全在乎心。他超脱了，娼妓在侧，却不在他心里；而程颐的娼妓久久地存在他的心中，宴会结束后，还放不下，可见他被道德束缚绑架了。

因此，我们不妨学一下程颢这位理学家，该"放下"时且"放下"，处世为人做到不存非分之想，不取不义之财。手不乱伸，铺不乱睡，道不乱上，门不乱进。我们只有做到心明如镜，心静如水，才能找回自己早已丢失的本性，才能领悟到人生的真谛，感受到生命的快乐！

人生在世，没有一帆风顺的航船，人生不如意之事十之八九，与其逃避抱怨不如积极处理，不管结果是好是坏，最后都得放下，这样才能使自己得到一个清晰的思绪，这也是一种修养。

一位著名的法师曾说："如果真是无法避免的倒霉事，那只有面对它、接受它；能够面对它、接受它，就等于是在处理它，既然已经处理了，也就不必再为它担心，应该放下它了，心中不要总是想着：'我怎么办？'同时也要做到该睡觉时就睡觉，该吃饭时就吃饭，该怎么生活就怎样生活。"这样才是一个人处世的最高境界。

[修心需要放下]

有的时候，该放下时则放下，否则，我们的生命就无法超然于外物！有句话说得好："命里有时终须有，命里无时莫强求。"因此，要想修心，需要你放下心中的一切。也只有放下了，才会使你的一切变得如此简单！

从前有一位弟子向师父问道："我背了两条命债，不知佛祖要不要我？我的罪孽这么重，是下十八层地狱的人，我不想下地狱，不想再受苦，而且我想去救被我害死的那母子俩。师父，我的生命是以秒为单位计算的，我快死了，救救我吧，师父！我给你磕头了！"

师父听后对他说："你给佛祖磕头吧！只有他才救得了你。"

于是师父把佛祖如何发愿，如何修行，如何成就极乐世界，以及六字名号和佛祖是实相身、唯物身，具足称念毕生的功德，特别是善导大师"善恶凡夫得生者，莫不皆乘佛祖大愿业力为增上缘"以及"念佛皆得往生"等道理讲给他听，他越听越欢喜，对念佛往生的信心倍增，弟子高兴地向师父说："师父我懂了，我好像听到了佛祖在呼唤我，我一定会紧紧抓住佛祖不放，一定跟他到极乐世界，到时候我与佛祖来接你。"

从此以后，弟子的心态有了很大改变，师父看到他每天念佛如醉如痴的样子，活像一个修行多年的老修行在念佛，对名号以外的事情再也不感兴趣了。

有一天，一个老者问他："你不是天天都要写诉状吗？为什么现在不写了呢？"

弟子说："以前我是放不下那些事情，总想侥幸苟活，总想推脱罪责，现在我才明白，那是对亡者的再次亵渎，是对亡者的再次犯罪，即使侥幸逃脱了法律的制裁，也逃脱不了因果报应，所以我不能再昧着良心搞什么上诉，我还是安心念佛去往生，也许只有走修行之道才是解救他们母子俩的最好方式。"

从而可见，放下是一种心境，一种胸怀，一种品格，只有豁达大度的性情中人才能体会到其中的真正内涵。在我们的人生中，也许你像故事中的弟子一样做过坏事，但只要你放下"屠刀"，你的人生照样精彩与完美！

老子在《道德经》中说过，"无为"是人生的最高境界，而其真正的意思是"无不为"。退一步总是海阔天空，放下必须放下的，放下应该放下的，你就会得到意想不到的收获！

放下是一种解脱，也是带着毫无负荷的压力踏上征程，实现人生美好的理想！

智慧背囊：

在我们的生活中不难发现，很多人都很执着，执着于近在咫尺的成功，执着于绚丽多姿的生活，执着于唾手可得的感情……却始终是差之毫厘。执着并没有错，但放下也是智慧的选择。面对我们无法改变的事情，不妨选择放下，以退为进。对生活的智者来说，放下比执着更能修身养性，更能快人一步取得成功。

我们行走于人生的大道上，忙忙碌碌，疲于奔波，我们也时常被强烈的愿望所驱赶，不能停步，不敢懈怠，也不敢轻言放弃。由此，身上的包袱越来越多，越来越沉，如果我们还是不愿放弃一些东西，那么，最终会使自己身心疲惫，劳累不堪！

唯有放下，才能轻松自在

[放下等于解脱]

放下了也就解脱了，自我解脱是一个人修身养性的至高境界！在我们的现实生活中，放不下的事情多之又多，比如说在公司做了错事，说了错话，受到了上级和同事的指责；自己的好心被人误解受到委屈。这时，心里总是有一个解不开的心结。这些心理负担有损于健康和寿命，也会使自己未老先衰。由于自己有太多的放不下，最终把自己折腾得疲劳而又苍老。

如果你拿得起的太多，放不下的太多，那么，你会活得很疲惫！

从前，有一位名叫法门的人来到佛前，他两手拿着两个玉石前来献佛。佛祖对法门说："放下！"法门把他左手拿的那个玉石放下。佛祖又说："放下！"这时，法门又把他右手拿的那玉石放下。然而，佛祖还是对他说："放下！"这时无奈的法门说："我已经两手空空，没有什么可以再放下了，你要我放下什么呢？"

佛祖接着说："我并没有叫你放下你的玉石，我要你放下的是你的六根、六尘和六识。当你将这些东西一一放下时，那再没有什么可放下了，你也将从生死桎梏中解脱出来。"法门这时才明白佛祖让他放下的真正道理。

"放下"虽然说着容易，但是做起来却非常难，一些人有了功名，就对功名放不下；一些人有了金钱，就对金钱放不下，一些人有了爱情，就对爱情放不下；还有一些人有了事业，就对事业放不下。这些人肩上的重担、心上的压力，岂止手上的玉石？这些重担与压力可以是我们的动力，但是在必要的时刻，佛祖言下的"放下"，也不失为一种解脱之道！

生活在这个大千世界里，时时不充满着诱惑，每一个心智正常的人，都会有理想、崇敬和追求。否则，他就是一个胸无大志、自甘平庸、无所建树之人。人生是复杂的，但它也是简单的，甚至简单到只有取得和放下。

放下了也就解脱了，要想驾驭好自己的生命之舟，那么，你就必须学会放下！

[凡事不能刻意追求，顺其自然者成大器]

成功有时并不需要刻意而为，一个人执着于目标苦苦追求，反而会为其所累；只有懂得放下，放下渴望成功的那颗心，顺其自然，才能得到最大的成功。

林尚沃是19世纪朝鲜最著名的商人。他眼光独到，极富传奇色彩。

一天，有三个人不约而同来向他借钱，都说是要去做生意。林尚沃答应了，不过先只给他们各一两银子，要看5天后能赚多少钱再作决定。第一个人用银子买草绳做草鞋，挣了5分银子；第二个人买来材料做风筝，正赶上春节，好卖，挣了1两银子；而第三个人则说，1两银子能干什么呢？他拿了钱就去喝酒，喝到只剩1分，就买了张纸托人给林尚沃捎了一封信：我要去寺庙里读书，请提供些开销。林尚沃让人送了10两银子去寺庙。

5天很快过去了，林尚沃决定借给编草鞋的100两银子，借给做风筝的200两银子，而给第三个人1000两银子。有人不解，问何故。林尚沃说："编草鞋的兢兢业业，不浪费一分钱，不会饿死，但也成不了富人；做风筝的比编草鞋的聪明，有头脑，善于把握时机，但仅看到眼前的时机是不够的，他也许能成为富人，但成不了巨富；至于那书生，不为钱所累，顺其自然正是赚钱的最高境界。如果为钱拼命，根本挣不到钱；如果过分追逐，事业肯定失败。"

一年后，编草鞋的还清了本息，还开了一间铁匠铺；做风筝的贩卖盐和干海货，已经开了5间店铺；而写信的小子空手而回，他拿了钱去平壤，被一个妓女迷住，还没搞清楚怎么回事，银子已经没有了，回来的路费都是向妓女借的。林尚沃决定再借给他2000两银子，一年后再见。但结果那家伙压根儿没露面。

一晃8年过去，那个人回来了，向林尚沃借10辆牛车，并要求安排些人。林尚沃一一应允。10天后，10辆牛车装满了质量上乘的6年参回来了，所有人都大吃一惊，连林尚沃也感到意外。要知道一牛车一驮货，10驮人参值10万两白银。那人道明了原委：几年前他怀揣2000两白银，马上去找那妓女，和她结了婚，过了几天好日子，直到银子只剩100两，他全部买了人参种子，振作精神，离开平壤去了开平，在深山老林里选中一处背阴的山坡，将种子随风撒下。然后回平壤和妓女开了家酒馆。6年过去，那片山坡已成参田，为他带来了巨额财富。为报答林尚沃，货值10万两白银的人参他只要了5万两，没费太大的力气挣了笔巨款，结果皆大欢喜。

人类的经验法则告诉我们，舍得放下是成长智慧的必备元素，更是成就人生的最佳养分。

智慧背囊：

在人生的道路上，没有人不想拥有富与贵，但不以其道得之，也许将永远无法拥有。而要想拥有一些东西，其中一条捷径就是学会放下，懂得放弃。即便是一辆汽车，它所能承载的重量也是有限的。如果一点儿也不肯放弃，那么只能被不堪承受之重压垮，到头来自己什么都得不到。

在我们生命的旅途中，总会有挫折，总会有苦难，在这个时候，能够使我们摆脱生存压力的法宝便是放下。人必须懂得及时放下，放下那些看似有利可图却不能令人进步的东西；为了熊掌，我们可以放下鱼；为了事业的成功，我们可以放下逍遥娱乐；为了纯真的爱情，我们可以放下金钱；为了庄严的真理，我们可以放下利禄乃至生命。我们保留的是生命中最有价值、最必要、最纯粹的部分，而放下的是生活中那些压力与累赘。放下自己，不仅仅是一个结果，它也是一个过程，是一个生命净化的过程。

更好的选择，更好的放下

修身养性是为了让自己更好地选择与放下。在我们的人生中，不得不面临无数选择，失落、得意、成功、失败、健朗、疾病、没有哪一种选择能够真正归属自己。

生活中，有些人总认为自己拥有的越多，就会越幸福。实际上真的是这样吗？

[不为外物所累]

佛陀曾在一次法会上讲了这样一个故事：从前有一位富翁娶了四个老婆：第一个老婆伶俐可爱，像影子一样陪在他身边；第二个老婆是他抢来的，美丽得让人羡慕；第三个老婆为他打理日常琐事，不让他为生活操心；第四个老婆整天都在忙碌，但是富翁却知道她在忙什么。

有一天，这位富翁因有事情要出远门，由于旅途遥远，并且艰难，他问哪一个老婆愿意陪伴自己。第一个老婆说："我不陪你，还是你自己去吧！"第二个老婆说："我是你抢来的，我当然不会去了！"第三个老婆说："我无法忍受风餐露宿的生活，我最多送你到城郊！"第四个老婆说："不管你到了哪里，我都会跟着你，因为你是我的主人。"富翁听了这四个老婆的话发出感叹："关键时刻还是第四个老婆好！"于是他就带上第四个老婆开始了他的长途跋涉。

富翁还想："我决定舍弃前三个老婆，尽管她们长得这么漂亮，可她们不但不帮助我，反而给我的生活带来无限痛苦！"

佛陀说道："你们知道吗？这四个老婆其实指的就是你自己！"第一个老婆指的是肉体，人死后肉体是要与自己分开的；第二个老婆指的是金钱，生活中的很多人为了金钱辛劳一辈子，死后却分文不带，无非是水中捞月；第三个老婆指的是自己的妻子，生前与自己相依为命，死后总是要分开；第四个老婆指的是一个人的天性，你完全可以不在乎它，但它会一直在乎你，不管你今生是贫还是富，它都永远不会背叛你。

佛陀还说："我们生活在这个世界上，多一物多一心，少一物少一念，就是因为富翁的妻子太多了，所以给他带来了不必要的感叹。因此，这就要求我们不要为外物所累，心安理得处，就能明心见性，参悟佛法。"

一匹马如果被拴上了枷锁车套，只有一味地卖力奔驰，哪还有机会停下来思索自己的生命？一个人如果汲汲于豪华富贵，切切于名禄，桎梏于外物，怎么可能出离尘世而追寻幽独？只有自己心中做到空无一物，才不会被外物所累。外物是不坚固的，而我们的生命灵魂才是永恒的。所以，你要想不受拘于外物，那么就要学会放下！

[做到心中无物]

一个人要想生活得自由自在，就要做到心中无物，做到不受拒于外物。外物是短暂而易腐朽的，唯有我们的灵魂与精神才会得到永恒。因此，有些事情只有放下来，才会显现你的修养与品格！

庄子曾经说过："物而不物。"这句话涵盖了一门哲学，它可以使你拥有大智慧，可以使你修身养性，同是它也要求你有大舍弃的勇气。智慧会让我们的生活过得充实又有意义，舍弃会使我们的生活过得轻松无羁、自由自在。

有一天，法讲和尚与一位富翁在湖边相遇。富翁就问法讲和尚："你为什么不去租条船，搞海运呢？"接着法讲和尚也问他："然后呢？""然后就可以做大买卖赚很多钱。""再然后呢？""你就可以买条船，创立自己的商队。""接着呢？""接着你就发财了，成为和我一样的富翁。"

法讲和尚说道："成为富翁又如何呢？"富翁回答："可以悠闲地在湖边晒太阳。""我现在不正在悠闲地晒太阳吗？"法门和尚最后说道。

由此可见，法讲和尚追求的是淡泊，不把外物的种子带进心里任何一片田地。所以，不拘于物是一门哲学，需要有大智慧，需要有大舍弃。只有放下与舍弃，才能使我们活得更加轻松与快乐！生活不需要你顾虑得太多，它只希望你活在当下！

生活中的一些人对生命要求的太苛求，弄得自己生活在筋疲力尽之中，从没体味过幸福和欣慰的感觉，生命也因此局促匆忙，忧虑和恐惧时常伴随。如果这样度过自己的一生，实在是糟糕至极。我们应该明白，月圆月亏皆有定数，岂是人力所能改变的？因此，学会放下吧，给自己一份快乐，给生命一份从容。如果做到不受拘于外物，做到心中有物，也许你会有另一种收获。

智慧背囊：

人生在世，要想使自己得到快乐与幸福，那么就不要过多地执着于追求外物。有人说，做人太执着，不懂得放下，其人生是不会得到轻松的，因此，我们超越于外物，就是超越自我，无物也就是无我，一个真正做到超然自我的人，就是使自己的心境不随着外物的变化迁移而波动。

我们游走于人生的大道上，一路坎坷曲折，一路荆棘丛生。有些人执着追求，不言放弃，最终钻进了死胡同；而有些人懂得以退为进，以导为攻，迂回前进，最后取得了圆满的成功。这不仅是一种豁达的人生态度，更是一种生活的辩证法。

以退为进，以导为攻

在我们的生命中，美好的东西多之又多，于是无论什么东西总想占为己有，但是有时往往会事与愿违。在面对那些可望而不可即的东西时，你会有怎样的心情呢？又会如何去解决呢？放弃它们，你能做到吗？也许很多人十分坚定地回答："我可以做得到！"也许还会有人暗地里笑话："有好东西为什么自己要放弃啊？"这也不无道理，实际上，并不是要求你放弃所有的东西与机会，但有些时候，你不得不作出放弃的决定，也许只有这样，你才能得到更多东西！

［放弃与得到］

说起修身之道，也许生活中的一些人还不如壁虎。我们知道，壁虎是一种脆弱的动物，然而却没有随着一年上千种动物的灭绝而在这个地球上消失。为什么？因为它们懂得放弃，尽管它们跑得不快，可是当它们被敌人咬住尾巴的时候，能够坚定地放弃它们的尾巴，它们好像能悟出生命的真谛：生命只有一次，而尾巴断了还可以再长出来……

因此我们说，壁虎是聪明的，它已经学会了利用放弃来获得重生。其实仔细想一下，这也是很浅薄的道理，为了能活下来而放弃一条尾巴，况且尾巴还可以再长，的确很划算。这若是一道选择题，让你在"失去生命"和"放弃尾巴"之间取一个，谁若选后者，人们一定会笑他傻。这也是常人之道。

在这个竞争十分激烈的社会中，有些人为了功名利禄，整天东奔西跑，荒废了工作，也压缩了跟家人在一起的时间；有些人利欲熏心，甚至为了钱财、权力费尽心机，行贿受贿，诈骗他人。如果事情暴露了，可见下场会是什么样子。因此，在自己努力奋斗的过程中，也要适当放弃一些生命中不必要的东西。

有一个农民每过几年就要改种农作物种类，而且从不种当下吃香的作物品种，然而如今却赚了好几百万，还有了属于自己的规模巨大的果园和菜园。农民发家致富后，他谈起自己的成功经验时说："假如我跟着市场走，只看眼下卖得火热的蔬菜水果品种，是不可能有今天如此辉煌的成就的。"

他还说："市场是个充满竞争的地方，若不把眼光放长远些，老想着跟人家争眼前那点利益，并非是好事。既然如此，我何不放弃眼前利益，让大伙儿去争，而自己钻钻空子，想想下一年会有什么市场需求，因此，我现在回想起来，自己很庆幸当初的放弃！"

其实，这个道理无人不知，无人不晓，可又有几个能够放得下眼前那惹眼的财富呢？只有那个农民，他放弃了，所以他成功了。

我们的生命之舟载量是有限的，它载不动太多的物欲，要想顺利地抵达成功的彼岸，我们就只能在必要的时候从舟上取出一些东西抛入大海，否则，舟就会沉入大海中。

[放弃是一种获得]

有些时候，放弃对我们而言是一件极其艰难的事情，可又有谁能说，在自己放弃的同时，保证自己再也不会得到呢？

三国时期的诸葛亮放弃了隆中悠闲自在的生活，得到了"贤相""忠臣""神算"的美称，从而流芳百世。我们知道，他一生"躬耕于南阳，苟全性命于乱世，不求闻达于诸侯"，四处游历，生活乐无边。

但是，在刘备的三顾茅庐下他出山了。他为刘备想出了"三分天下"的计划，征战四方。从此，以往的悠闲在他的生活中荡然无存，有的只是奔波劳碌，他得到了什么？他得到了刘备对他"如鱼得水"的赞美，得到了万古流传的美名，这与诸葛亮的放弃相比，又算得了什么呢？

有人可能会说，诸葛亮身处中国古代封建社会的乱世之中，他是逼不得已的！那么莫扎特呢？他是一位有名望的音乐大师，从小他就对音乐产生了浓厚的兴趣，为此，他放弃了休息时间，创作、练习、交流音乐成了他生命的全部。为了音乐，他放弃了与普通孩子一同玩耍的快乐童年，一心一意地投入演出；为了音乐，他放弃了很多休息的时间，努力创作。最终病死，年仅37岁。那么，他又得到了什么？他得到了来自全世界人民对他无限的称赞，由此可见，在我们的生命中，放弃也是一种获得！

从前，有一位国王想在众多妃子中挑选一位立为王后，国王想了一个办法，他让妃子们沿着一条河的河岸一直往下走，要求每个妃子都捡回一颗自己认为最大的石子，国王说："谁要是捡的石子最大，那么谁就是王后。"

在沿着河岸走的时候，众多妃子都边走边想：后面一定有更大的，于是，她们放弃了许多捡石子的机会。结果只有一位妃子在半路上捡起了一颗她认为最大的石子。然而其他妃子还是一直相信，后面一定有最大的石子，最后她们走到河岸的终点时，才发现原来自己认为最大的石子已经错过了。最后，在半道上捡到石子的妃子成为了王后。

由此可见，那位在半路上捡起石子的妃子是最聪明的，然而她也是众多妃子中最懂得放弃的人。所以，有时候放弃并不是一种损失，反而令你的收获更大！

在现实生活中，太多的人不懂得有选择性地放弃，于是错过了一次又一次机会，最后抱憾终身。很多人在机会降临时，总认为更好的机会还在后头，当他们犹豫不决、举棋不定时，才发现已错失良机。因此，有选择性地放弃可谓是一种明智的生活方式！

智慧背囊：

放弃也是一种获得，也许在别人眼中你的这份获取不值一提，但对你来说一定是最宝贵的！因此，让我们学会放弃吧，它会让我们得到人生中的另一种东西，不仅仅是智慧与修养！

放下是一个人生存的智慧宝典。放下埋怨，你才能笑着面对生活中的苦难；放下私人恩怨，你才能分享朋友的苦乐悲喜。放下是一种心态，它让你于淡然中静候人生的花开；放下是一种选择，它让你在思考中抉择人生的走向；放下是一门心灵的学问，它让你笑看人生的风霜雨雪；放下是一种生活的智慧，它让你放下压力获得轻松。放下烦恼获得幸福，放下自卑获得自信，放下懒惰获得充实。

生活百态，以平常心待之

［放下，你才能拥有平常心］

佛家教导后人遇事做到四境界，即面对它、接受它、处理它、放下它，堪称处事应对的宝典。许多人连前两关都过不了，但知逃避现实，遑论正面处理。有些人以大无畏的精神，正视困境，直接迎敌，好不容易处理好了，却在心里留着疙瘩，郁郁难解。放下是最难的课题。放下指的是心境上"船过水无痕"的洒脱与看开，而不是表面的姿态。有个成语"书空咄咄"，说的是晋朝殷浩的故事，这个故事告诉我们如何拥有平常心。

晋朝有个叫殷浩的著名玄学家，他以虚无玄妙的清谈称道于世。殷浩是此中高手，一张嘴，一种姿态，名士风范，风靡很多人。当时流传很多他的事迹。有人问殷浩："为什么将要得到官位，就会梦见棺材；将要得到财富，就会梦见粪土？"殷浩回答："官位本来就是腐臭的东西，所以即将当官就会梦见棺材；钱财本来就是粪土，因此将要得到财富就会梦见粪土。"殷浩的一番话让许多人哑口无言。

　　殷浩是个不喜欢当官的人，但后来朝廷重用他，让他统领五洲的军事。朝廷的目的是要利用他牵制另一位权高势重的将军桓温。后来殷浩出征，不幸败北。桓温趁机上书说殷浩的坏话，殷浩因此被废为庶人，流放到南方。殷浩被贬，但仍然维持原来的风格，生活平静，没有怨言，没有被流放的悲愤。其实这只不过是一种表象罢了，他每天以手指对空写字，以表达内心的感受。

　　他通过这种肢体语言来表达内心世界，还是被邻居和家人看了出来，发现他写着"咄咄怪事"四个字。咄咄是感叹声、惊怪声。咄咄怪事，指的是令人惊奇、不可思议的事情。"书空咄咄"因此被后人用来比喻失意、激愤的状态。他虽然嘴上没有不满，但他把所有的压抑与不服都埋藏于心。

　　虽然殷浩从表面看上去很潇洒，而心里其实愤恨不平，这样难免会出事。某日桓温推举殷浩到中央政府任职，并写信告知殷浩此事。殷浩受宠若惊，回信同意并致谢意。因为过度患得患失，担心信里答复不得体，封信后又拆开来看，反反复复数十回，最后竟然漏了信件，就寄出去了。桓温收到空函大为愤怒，以为在羞辱他，就和殷浩断绝来往，这个人事案也就破局了。时隔不久，殷浩也与世长辞。

　　在这则故事中我们不难发现，"放下它"不仅仅是表面功夫，而是完全从内心里释放出的一种情结。殷浩看似一派潇洒，居然寄出空信封，可见心事之重。俗话说："得而不喜，失而不忧。"人一定要有一颗平常心。人生在世，长长短短，聚聚散散，不是每人处处、事事、时时都能通达到完美。平常心、平常态，才是人活在世间的至高境界。平常心是清静心，是光明心；平常心是敬业心、正直心；平常心是超脱名利，走向心灵解放的吉祥、自由之路。我们应该扔掉那些本不该背在身上的东西，还自己一份洒脱、一份质朴。

[持平常心以修身养性]

用平常心看待人世间的不平常之事，最后会让你感到每件事情都很平常。平常心不是看破红尘、不求进取，也不是消极遁世，而是一种境界，一种积极人生，一种无私奉献。在得失、成败、胜负诸事面前，时时提醒自己与众人保持平常心很重要。平常心，不可无，不可变，更不可丢。平常心正因为"平常"，所以"总不平常"。

世间之事，纷繁芜杂，假作真时真亦假，真作假时假亦真。世人受其所累，因而少有人能大彻大悟，也便少有人大解脱。陶渊明在诗中曰："结庐在人境，而无车马喧。问君何能尔，心远地自偏。"这是一种多么难得的平常心态，做人倘若如此，便可谓"高洁之士"。

成败得失是生活中不可避免的节奏，我们的情绪和心境也会随之起起落落，或迷茫无助又柳暗花明，或前途无量又万丈深渊。那该如何珍重自我、修身养性呢？每个人生下来就像是护法金刚，以一己之力对抗整个世界，守护心中的珍宝。怎么能不善加珍重？烦恼与杂念如野草，要想除掉，方法只有一种，那就是在上面种上庄稼。同样，要想让灵魂无纷扰，唯一的方法就是用美德去占据它。人生大起的时候，就是我们下落的结束。要把人生的低谷当作你积蓄力量的机遇，只有这样才能迅速调整自己，以饱满的姿态面对生活。

既然生活赋予了我们憧憬明天的权利，我们就应该常怀一颗平常心，正确对待得失，带着希望上路，享受生命或艰险或平顺的每一个过程，活出一个完整而真实的自己！拥有一颗平常心，如同拥有一台美妙的竖琴，让我们的心灵沉浸在欢欣、激昂的乐曲里；宛如向我们的心灵世界播撒阳光、雨露，满溢波涛与浮光；宛如我们的心纯净澄碧，融于自然万物中，与浪花、与波涛共舞。所以，让我们以一种平常恬静的心态，去品味与珍惜生活中的酸甜苦辣，去渗透与超越人世间的功名利禄。你会在平凡之中收获另类的人生，在淡然中享受潇洒充实的生活，这便是人生修行的最高境界。

智慧背囊：

当我们怀着一颗平常心对待生活中的一切时，你会发现生活原来如此美好。拥有平常心的人，总是仁慈、宽容、淡泊，不失乐观，他们不会将精力纠缠于蝇头小利与恩怨计较之中，能够充分享受到生活的乐趣；保持平常心的人，从不虚荣、虚伪和虚假，能够正视自己的缺点和不足，从而做事更加完美；坚守平常心的人，更是一个拥有宽广胸襟的人。世间生活百态，我们唯有以平常心对待它，才能光明磊落、坦坦荡荡走人世。

尘世中的人总是喜欢给自己找个事情做，结果事情没做成却让自己落了个悲哀的下场。其实有些事情大可放下，放下了，心中自然就没有了压力，生活自然也就轻松了。人的一生几乎都在追逐自己的梦想，追逐有追逐的美丽，放下也有放下的美丽。花开不惊，花落不哀，静静地享受这个过程，享受其中的欢喜，这样的人生亦是有意义的人生。

静享生命轻松之美

放下是一种自我设置宽度和长度，同时放下也是一种有深度的美丽。放在现实生活中，许多人常常是欲望缠绕着更多的欲望，可是欲望的实现却没有让人满足，反而催生了更多的欲望，一生奔波在欲望之间，总有一些人，上台以后无论多累也不愿下台，总是牢牢地抓住那个并不重要的东西不放，上了台就忘了还有台阶，真是上台容易下台难啊！

[放下是一种美丽]

放下人生虚无缥缈的光环，放下人生多余的东西，人生就没有了压力，就没有了负担，人也就不会活得太累。

有很多人总是为生活所累，有的是为财富所累，有的是为情所困，他们都是因为放不下，所以才会让自己活得疲惫。心理学家曾给生活痛苦的人开出过一个"治病"的良方，那就是：拿得起，放得下，放下也是一种别样的美丽。按方医治定会"药到病除"。但是，放下不是放任自流，也不是毫不顾忌，而是要在一定的界限之内，不能突破人生的基本底线。如果越过了，那么这剂药就不是"良方"而是砒霜了。

在人生路上，每个人都是匆匆过客，沿途总会有美丽的风景，总会有众多的坎坷。如果把一路的经历都记在心中，那么只会增加自己的疲惫。还不如看过了，就让它过去，放下对它的牵挂，也许前面会有比它更好的。人生会有很多不如意，吸取教训后我们也不必对此耿耿于怀。其实，放下该放下的才是人生之道，才是对生活的一种享受！

宋朝的吕蒙正，在初任副相时，曾有人上朝的时候大声讥讽他："快看，这副模样的人居然也能入朝为相啊？"吕蒙正听了，装作没有听见一样，继续前行。然而同他一道的一个官员为他打抱不平起来，非要查出是谁说了这句话。吕蒙正拦住众人，说道："吕某谢谢大家的好意，但我为什么要知道是谁在侮辱我呢？知道了，我会一直放在心上，以后大家同朝为政该怎么相处呢？"这就是放下，放下一时的争夺，换得千秋的美誉。放下了，看透了，心便也有了归宿。

对于智者而言，放下是修身养性的一道秘方。在我们的生活中，并不是所有的付出都会有所回报，并不是所有的劳动都会得到收获，人要慢慢地适应身边发生的所有事情。

［放下过去，活在当下］

活在当下，当下的一切才是最真实、最美好的。昨天已经过去，该发生的都发生了，明天会怎么样，谁也不知道，何不快乐地过好当下，活在当下，享受当下的一切，珍惜当下的一切，简单地、用心地去生活、去爱自己、去爱身边的一切。

放下，活在当下，才能轻松、快乐地生活。

放下，活在当下，你就是一个幸福的重生和开始。

有这样一个故事：一天，工作的很疲惫的甲来到海边，遇到躺在沙滩上的乙，两人聊了起来，乙问甲说："你最想做的是什么？"甲说："我最想做的是赚很多的钱."乙说："你赚了钱之后干什么？"甲说："我要在海边轻松地享受阳光和海浪。"乙说："我没有很多钱，但我现在正在做你想做的事。"我们一生不停地为自己设立目标和理想，结果却是离实现心中的"蓝图"越近，生命的负累却越重。

面对成败要放下，人生的成与败是相对的，不要太在意过去的事物，要懂得放下。人生可以有短暂的停留，但不能因为这短暂的停留而抛弃了前进的脚步。停留以后就应该放下停留的意念，拍拍身上的灰尘，踏上新的征程。

世界是变化的，只要你心定，无论外界怎么变化，你都可以以不变应万变，心里的烦心事在一觉醒来就烟消云散了。这就是放下。

智慧背囊：

面对困难要把痛苦放下，这样你才会将问题完美解决。宝剑经历了长久的磨砺，才拥有了锋利的剑锋；梅花经过了严寒，才有了芬芳的花香。著名的法国作家巴尔扎克说过："苦难是生活最好的老师。"老子也说过："祸兮福所倚，福兮祸所伏。"一个人只要保持快乐心情，又怎么会害怕生活无味呢？人间原本就是复杂多味，酸甜苦辣一应俱全，没有品尝过苦涩，怎知甘甜的珍贵？所以，当你品尝过苦涩后，不要在你品尝甘甜的时候还对苦涩"念念不忘"，否则你永远也品尝不到甘甜的滋味。